"十四五"国家重点图书出版规划项目

新版《列国志》与《国际组织志》联合编辑委员会

INTERNATIONAL
ORGANIZATIONS
SURVEYS

联合国
减少灾害风险办公室

UNITED NATIONS OFFICE FOR
DISASTER RISK REDUCTION

王德迅　著

社会科学文献出版社
SOCIAL SCIENCES ACADEMIC PRESS (CHINA)

出版说明

　　自 20 世纪 90 年代以来，世界格局和形势发生重大变化，国际秩序进入深刻调整期。世界多极化、经济全球化、文化多样化、社会信息化加速发展，而与此同时，地缘冲突、经济危机、恐怖威胁、粮食安全、网络安全、环境和气候变化、跨国有组织犯罪等全球性问题变得更加突出，在应对这些问题时以联合国为中心的国际组织起到引领作用。特别是近年来，逆全球化思潮暗流涌动，单边主义泛起，贸易保护升级，以维护多边主义为旗帜的国际组织的地位和作用更加凸显。

　　作为发展中大国，中国是维护世界和平与发展的重要力量。对于世界而言，应对人类共同挑战，建设和改革全球治理体系，需要中国的参与；对于中国而言，国际组织不仅是中国实现、维护国家利益的重要途径，也是中国承担国际责任的重要平台。考虑到国际组织作为维护多边主义和世界和平与发展平台的重大作用，我们决定在以介绍世界各国及国际组织为要旨的《列国志》项目之下设立《国际组织志》子项目，将"国际组织"各卷次单独作为一个系列编撰出版。

　　从概念上讲，国际组织是具有国际性行为特征的组织，有广义、狭义之分。狭义上的国际组织仅指由两个或两个以上国家（或其他国际法主体）为实现特定目的和任务，依据其缔结的条约或其他正式法律文件建立的有一定规章制度的常设性机构，即通常所说的政府间国际组织（IGO）。这样的定义虽然明确，但在实际操作中对政府间国际组织的界定却不总是完全清晰的，因此我们在项目运作过程中参考了国际协会联盟（Union of International Associations，UIA）对国际组织的归类。除了会籍普遍性组织（Universal Membership Organizations）、洲际性组织（Intercontinental Membership Organizations）和区域性组织（Regionally Defined Membership Organizations）等常见的协定性国际组织形式外，UIA 把具有特殊架构的组织也纳入政府间国际组织的范围，比如论坛性组织、国际集团等。考虑到这些新型国际组织数量增长较快，而且具有灵活、高效、低成本等优势，它们在全球事务中的协调作用及影响力不容忽视，所以我们将这些新型的国际组织也囊括其中。

广义上的国际组织除了政府间国际组织之外，还包括非政府间的国际组织（INGO），指的是由不同国家的社会团体或个人组成，为促进在政治、经济、科学技术、文化、宗教、人道主义及其他人类活动领域的国际合作而建立的一种非官方的国际联合体。非政府间国际组织的活动重点是社会发展领域，如扶贫、环保、教育、卫生等，因其独立性和专业性而在全球治理领域发挥着独特作用。鉴于此，我们将非政府间的国际组织也纳入《国际组织志》系列。

构建人类命运共同体，建设持久和平、普遍安全、共同繁荣、开放包容、清洁美丽的世界，是习近平总书记着眼人类发展和世界前途提出的中国理念，受到了国际社会的高度评价和热烈响应。中国作为负责任大国，正以更加积极的姿态参与推动人类命运共同体的建设，国际组织无疑是中国发挥作用的重要平台。这也是近年来我国从顶层设计的高度将国际组织人才培养提升到国家战略层面，加大国际组织人才培养力度的原因所在。

《国际组织志》丛书属于基础性研究，强调学术性、权威性、应用性，作者队伍由中国社会科学院国际研究学部及国内各高校、科研机构的专家学者组成。尽管目前国内有关国际组织的研究已经取得了较大进步，但仍存在许多亟待加强的地方，比如对有关国际组织制度、规范、法律、伦理等方面的研究还不充分，可供国际事务参与者借鉴参考的资料还很缺乏。

正因为如此，我们希望通过《国际组织志》这个项目，搭建起一个全国性的国际组织研究与出版平台。研究人员可以通过这个平台，充分利用已有的资料和成果，深入挖掘新的研究课题，推进我国国际组织领域的相关研究；从业人员可以通过这个平台，掌握国际组织的全面资料与最新资讯，提高参与国际事务的实践能力，更好地在国际舞台上施展才能，服务于国家发展战略；更重要的是，正在成长的新一代学子可以通过这个平台，汲取知识，快速成长为国家需要的全球治理人才。相信在各方的努力与支持下，《国际组织志》项目必将在新的国际国内环境中体现其独有的价值与意义！

新版《列国志》与《国际组织志》联合编辑委员会

2018 年 10 月

前　言

　　自 1840 年前后中国被迫开关、步入世界以来，对外国舆地政情的了解即应时而起。还在第一次鸦片战争期间，受林则徐之托，1842 年魏源编辑刊刻了近代中国首部介绍当时世界主要国家舆地政情的大型志书《海国图志》。林、魏之目的是为长期生活在闭关锁国之中、对外部世界知之甚少的国人"睁眼看世界"，提供一部基本的参考资料，尤其是让当时中国的各级统治者知道"天朝上国"之外的天地，学习西方的科学技术，"师夷之长技以制夷"。这部著作，在当时乃至其后相当长一段时间内，产生过巨大影响，对国人了解外部世界起到了积极的作用。

　　自那时起中国认识世界、融入世界的步伐就再也没有停止过。中华人民共和国成立以后，尤其是 1978 年改革开放以来，中国更以主动的自信自强的积极姿态，加速融入世界的步伐。与之相适应，不同时期先后出版过相当数量的不同层次的有关国际问题、列国政情、异域风俗等方面的著作，数量之多，可谓汗牛充栋。它们对时人了解外部世界起到了积极的作用。

　　当今世界，资本与现代科技正以前所未有的速度与广度在国际流动和传播，"全球化"浪潮席卷世界各地，极大地影响着世界历史进程，对中国的发展也产生极其深刻的影响。面临不同以往的"大变局"，中国已经并将继续以更开放的姿态、更快的步伐全面步入世界，迎接时代的挑战。不同的是，我们所面临的已不是林则徐、魏源时代要不要"睁眼看世界"、要不要"开放"的问题，而是在新的历史条件下，在新的世界发展大势下，如何更好地步入世界，如何在融入世界的进程中更好地维护民族国家的主权与独立，积极参与国际事务，为维护世界和平，促进世界与人类共同发展做出贡献。这就要求我们对外部世界有比以往更深切、全面的了解，我们只有更全面、更深入地了解世界，才能在更高的层次上融入世界，也才能在融入世界的进程中不迷失方向，保持自我。

与此时代要求相比，已有的种种有关介绍、论述各国史地政情的著述，无论就规模还是内容来看，已远远不能适应我们了解外部世界的要求。人们期盼有更新、更系统、更权威的著作问世。

中国社会科学院作为国家哲学社会科学的最高研究机构和国际问题综合研究中心，有 11 个专门研究国际问题和外国问题的研究所，学科门类齐全，研究力量雄厚，有能力也有责任担当这一重任。早在 20 世纪 90 年代初，中国社会科学院的领导和中国社会科学出版社就提出编撰"简明国际百科全书"的设想。1993 年 3 月 11 日，时任中国社会科学院院长的胡绳先生在科研局的一份报告上批示："我想，国际片各所可考虑出一套列国志，体例类似几年前出的《简明中国百科全书》，以一国（美、日、英、法等）或几个国家（北欧各国、印支各国）为一册，请考虑可行否。"

中国社会科学院科研局根据胡绳院长的批示，在调查研究的基础上，于 1994 年 2 月 28 日发出《关于编纂〈简明国际百科全书〉和〈列国志〉立项的通报》。《列国志》和《简明国际百科全书》一起被列为中国社会科学院重点项目。按照当时的计划，首先编写《简明国际百科全书》，待这一项目完成后，再着手编写《列国志》。

1998 年，率先完成《简明国际百科全书》有关卷编写任务的研究所开始了《列国志》的编写工作。随后，其他研究所也陆续启动这一项目。为了保证《列国志》这套大型丛书的高质量，科研局和社会科学文献出版社于 1999 年 1 月 27 日召开国际学科片各研究所及世界历史研究所负责人会议，讨论了这套大型丛书的编写大纲及基本要求。根据会议精神，科研局随后印发了《关于〈列国志〉编写工作有关事项的通知》，陆续为启动项目拨付研究经费。

为了加强对《列国志》项目编撰出版工作的组织协调，根据时任中国社会科学院院长的李铁映同志的提议，2002 年 8 月，成立了由分管国际学科片的陈佳贵副院长为主任的《列国志》编辑委员会。编委会成员包括国际片各研究所、科研局、研究生院及社会科学文献出版社等部门的主要领导及有关同志。科研局和社会科学文献出版社组成《列国志》项目工作组，社会科学文献出版社成立了《列国志》工作室。同年，《列国志》项目被批准为中国社会科学院重大课题，新闻出版总署将《列国志》项目列入国家重点图书出版计划。

在《列国志》编辑委员会的领导下，《列国志》各承担单位尤其是各位学者加快了编撰进度。作为一项大型研究项目和大型丛书，编委会对《列国志》提出的基本要求是：资料翔实、准确、最新，文笔流畅，学术性和可读性兼备。《列国志》之所以强调学术性，是因为这套丛书不是一般的"手册""概览"，而是在尽可能吸收前人成果的基础上，体现专家学者们的研究所得和个人见解。正因为如此，《列国志》在强调基本要求的同时，本着文责自负的原则，没有对各卷的具体内容及学术观点强行统一。应当指出，参加这一浩繁工程的，除了中国社会科学院的专业科研人员以外，还有院外的一些在该领域颇有研究的专家学者。

现在凝聚着数百位专家学者心血，共计 141 卷，涵盖了当今世界 151 个国家和地区以及数十个主要国际组织的《列国志》丛书，将陆续出版与广大读者见面。我们希望这样一套大型丛书，能为各级干部了解、认识当代世界各国及主要国际组织的情况，了解世界发展趋势，把握时代发展脉络，提供有益的帮助；希望它能成为我国外交外事工作者、国际经贸企业及日渐增多的广大出国公民和旅游者走向世界的忠实"向导"，引领其步入更广阔的世界；希望它在帮助中国人民认识世界的同时，也能够架起世界各国人民认识中国的一座"桥梁"，一座中国走向世界、世界走向中国的"桥梁"。

《列国志》编辑委员会

2003 年 6 月

序　言

　　自 1999 年 12 月第 54 届联合国大会通过 54/219 号决议批准成立联合国国际减少灾害战略（秘书处）算起，联合国减少灾害风险办公室已经走过 20 多年的发展历程。20 多年来，特别是进入 21 世纪之后，除了人为灾害外，大规模的自然灾害频发，严重影响经济社会的可持续发展，并威胁着人类的生存。世界银行估计，全球每年因灾害造成的经济损失达 5200 亿美元，致使 2600 万人陷入贫困。作为联合国协调全球减灾事务的核心机构，联合国减少灾害风险办公室针对自然灾害出现的新情况、新挑战采取了一系列卓有成效的防灾减灾救灾措施，有效降低了自然灾害造成的破坏，使各国抗灾能力得到明显提升。中国是世界上自然灾害最严重的国家之一，21 世纪以来，中国平均每年因自然灾害造成的直接经济损失超过 3000 亿元，因自然灾害每年大约有 3 亿人次受灾。2021 年中国自然灾害造成直接经济损失达 3340.2 亿元。因此，对联合国减少灾害风险办公室有关防灾减灾救灾措施进行分析研究，不仅有益于共同推进全球减灾事业向纵深发展，为实现 2030 年可持续发展目标保驾护航，也有助于完善我国防灾减灾救灾体制机制的建设。

　　进入 21 世纪后，至少有两件事对联合国减少灾害风险办公室的发展带来重要影响。一是 2005 年 1 月在日本兵库县神户市举行的第二届联合国世界减少灾害大会，会议通过了《2005－2015 年兵库行动框架：加强国家和社区的抗灾能力》（以下简称《兵库行动框架》）。《兵库行动框架》确定了 2005－2015 年五个减灾优先领域，并提供了实现抗灾能力的指导原则和实用方法，其目标是通过提高国家和社区抵御灾害的能力，到 2015 年大幅减少灾害损失。二是 2015 年 3 月在日本仙台举行的第三届联合国世界减少灾害风险大会，会议审议通过了《2015－2030 年仙台减少灾害风险框架》（以下简称《仙台减灾框架》）。《仙台减灾框架》是联合国首次提出具体项目和期限的全球性防灾减灾目标，被视为联合国所有成员国未来 15 年减灾工作的指导性文件，其中体现的重要转变，就是把减灾的工作重心从灾害管理转移到灾害风险管理。正是在这种背景下，2005 年以来，联合国减少灾害风险办公室着手推进《兵库行动框架》和《仙台减灾框架》的实施，并以此为契机，在灾害风险识别、灾害综合损失评估、灾害信息获取与管理、宣传与培训等领域开展积极合作，进一步提升了各国政府管理灾害风险的能力，有效推动了预防灾害文化建设。

本书由 10 章组成，主要包括联合国减少灾害风险办公室的发展历程、机构设置与职能、推进落实《仙台减灾框架》、会议和论坛、区域性平台、减灾伙伴关系网络、减灾教育培训活动、中国与联合国减少灾害风险办公室的合作以及减少灾害风险与经济社会可持续发展等内容。书的附录包括《为了一个更安全的世界：横滨战略和行动计划》、《2005－2015 年兵库行动纲领：加强国家和社区的抗灾能力》、《2015－2030 年仙台减少灾害风险框架》以及《变革我们的世界：2030 年可持续发展议程》的全文。

《联合国减少灾害风险办公室》一书于 2017 年 11 月被正式列入中国社会科学院撰写《列国志》新增书目"国际调研与交

流项目"。因为作者长期从事危机管理问题研究，课题立项之后，本人曾赴日本考察联合国减少灾害风险办公室设在神户市的国际灾后重建平台。通过实地调研和座谈，本人掌握了丰富的第一手资料，加深了对联合国减少灾害风险办公室的感性认识，为写好这本书打下了必要的基础。

本书在写作之初，在中国社会科学院世界经济与政治研究所召开了"联合国国际减灾战略与中日减灾合作"研讨会，承蒙来自日本北海商科大学的阿部秀明教授、伊藤昭男教授、苏林教授以及时任国家民政部救灾司救灾处来红州处长、中共四川省委党校顾林生研究员、国家行政学院应急管理培训中心游志斌教授和世界经济与政治研究所刘玮副研究员莅临会议并做精彩发言，世界经济与政治研究所邵峰研究员、魏蔚副研究员、卢国学副研究员参加了会议讨论。在此，对各位专家学者的大力支持和热情帮助表示衷心感谢。

在本书的写作过程中，社会科学文献出版社国别区域分社社长张晓莉女士给予了许多指导和帮助，该社崔鹏老师和帅如蓝老师在书稿编辑及设计方面付出了辛勤劳动。中国社会科学院国际合作局金哲女士、世界经济与政治研究所科研处袭艳滨女士和周玉林女士做了大量具体工作，世界经济与政治研究所熊爱宗副研究员给予了宝贵的支持，资料信息室迟丽萍、胡静瑶、周岩提供了相关文献数据和技术支持，在此一并向他（她）们表示由衷的谢意。

囿于学识，书中可能存在不少疏漏之处，恳请专家和读者不吝赐教。

王德迅

CONTENTS
目 录

CONTENTS
目 录

CONTENTS

目 录

CONTENTS
目 录

第一章

联合国减少灾害风险办公室发展历程

联合国减少灾害风险办公室（United Nations Office for Disaster Risk Reduction，UNDRR）的前身是联合国国际减灾战略（United Nations International Strategy for Disaster Reduction，UNISDR），成立于1999年，是联合国系统中唯一完全专注于减灾相关事务的实体机构，由联合国秘书长负责减少灾害风险事务的特别代表（Special Representative of the Secretary-General for Disaster Risk Reduction，SRSG）领导。联合国减少灾害风险办公室在协调和推动联合国系统、地区、国家、区域以及全球开展减轻灾害风险合作，确保执行全球减灾战略行动计划等方面，发挥着不可替代的核心作用。联合国减少灾害风险办公室的形成过程与联合国引领国际减灾事业的演进和发展历史密切相关，其中最具标志性的就是20世纪90年代开展的"国际减轻自然灾害十年"活动以及"联合国国际减灾战略"的实施。

一 联合国"国际减轻自然灾害十年"活动

1. "国际减轻自然灾害十年"倡议的提出

20世纪70年代，全球范围内自然灾害的发生率和死亡人数不断升高。如1970年11月,一场前所未有的特强气旋性风暴袭击了东巴基斯坦(现孟加拉国),造成了30多万人死亡。为此,1971年12月14日,联合国第26届大会通过了第2816号决议,赞同联合国秘书长的提议,批准在日内瓦联合国秘书处内设立一个独立的常设机构——联合国救灾办事处(United Nations Disaster Relief Organization, UNDRO),以作为联合国系统内协调赈灾事务的中心。大会还请秘书长指派一名赈灾协调专员(职级相当于联合国副秘书长),直接向秘书长负责,并有权代表秘书长行使以下职权:①与一切有关组织建立和保持最密切的合作,并尽可能和他们做到事先筹划和安排,以期确保最有效的协助;②动员、指挥和协调联合国系统内各组织的赈济工作,以响应受灾国家提出的救灾请求;③协调联合国与政府间组织及非政府组织尤其是国际红十字会的合作;④代表秘书长接受各方的捐赠,作为联合国及其所属机构和个别紧急情况方案进行灾害救助之用;⑤协助受灾国政府评估赈济优先次序和其他需求,并将评估情况告知给可能的捐赠国和其他有关各方,同时承担所有外界援助信息的提供和交换;⑥促进对自然灾害的研究、防止、控制和预测,包括防灾技术信息的搜集和传播;⑦利用联合国现有的资源,帮助并会同有关志愿机构,特别是红十字会联盟,就灾前规划事宜向各国政府提供咨询意见;⑧收集和传播有关赈灾工作规划和协调方面的信息,包括在易受灾害地区内改善和建立物资储备的信息,并提出保证以最有效方式利用现有资源的建议;⑨当受灾国家进入灾后重建阶段时,逐步结束他所负责的赈济工作;但仍在他所负责的赈济职责范围内,继续关注联合国经管灾后重建事宜各机关的工作;⑩编制秘书长有关报告书,以备提交经济及社会理事

会和大会审议。① 1979 年 7 月，联合国救灾办事处召开国际专家组
会议，全面总结近年来救灾工作的经验和教训，认为全球自然灾害
的规模和造成的后果远比统计数字严重得多，而减轻灾害损失的关
键是要更加注重灾前规划和预防工作，即制定灾害风险和脆弱性分
析方法的工作。这项工作为 10 年后制定 "国际减轻自然灾害十年"
行动框架奠定了基础。据联合国当时的统计，在过去的 20 年中，
肆虐无情的自然灾害夺走了全世界近 300 万人的生命，使至少 8 亿
人的生活受到不利影响，所造成的直接损失超过 230 亿美元。② 频
发的自然灾害给人类社会造成了巨大的生命与财产损失，严重阻碍
了各国经济的发展。如何有效应对自然灾害的挑战，怎样做才能把
自然灾害带来的各种损失降到最低，已成为联合国、国际组织以及
各国政府广泛关注的话题。1984 年 7 月 21 ~ 28 日，在美国加州旧
金山费尔蒙特酒店举行的第八届世界地震工程会议上，世界科学家
组织首次提出了关于开展 "国际减轻自然灾害十年" 活动的倡
议，③ 这一倡议得到了一些国家政府、学术团体和联合国有关机构
的重视和支持。

2. "国际减轻自然灾害十年" 活动的实施

1987 年 12 月 11 日，第 42 届联合国大会第二委员会审议并通
过了由 87 个会员国提交的关于 "减轻自然灾害十年" 提案（第
42/169 号决议），决定将从 1990 年开始的 20 世纪最后十年定名为

---

① 《联合国文件：26/2816》，https：//undocs.org/pdf？symbol = zh/A/RES/2816（XXVI）。
② 联合国第 42/169 号决议：《国际减轻自然灾害十年》，1987 年 12 月 11 日第 96 次全体会
议，https：//www.un.org/zh/documents/view_ doc.asp？symbol = A/RES/42/169。
③ MichelF. Lechat、耿大玉：《国际减轻自然灾害十年的背景与目标》，《灾害学》1991 年
第 1 期，第 6 卷。

"国际减轻自然灾害十年"（International Decade for Natural Disaster Reduction, IDNDR）。1989 年 12 月 22 日，第 44 届联合国大会通过了经济及社会理事会关于"国际减轻自然灾害十年"的报告（第 44/236 号决议），宣布从 1990 年至 1999 年开展"国际减轻自然灾害十年"活动，指定 10 月第二个星期三为"国际减轻自然灾害日"（International Day for Natural Disaster Reduction）（国际社会在十年期间每年纪念一次），并通过了《国际减轻自然灾害十年行动框架》（International Framework of Action for the International Decade for Natural Disaster Reduction）（以下简称《十年行动框架》）。《十年行动框架》首先确定了"十年"的目的和目标。其目的是通过一致的国际行动，特别是在发展中国家，减轻由地震、风暴（热旋风、飓风、龙卷风、台风）、海啸、洪水、滑坡、火山喷发、森林大火、干旱、沙漠化和其他自然灾害所造成的生命财产损失，以及由此而引起的社会和经济混乱等。其目标是：①迅速有效地提高各国减轻自然灾害影响的能力，要特别帮助有需求的发展中国家设立预警系统和抗灾机构；②在应用现有的知识和技术时，要根据不同国家在文化和经济上的差异，制定相应的政策；③鼓励和支持一切旨在填补知识空白的科学与工程方面的努力，以减轻生命和财产的损失；④推广与传播现有和新开发的与评估、预报预防和减轻自然灾害措施有关的信息；⑤通过技术援助和转让计划以及教育和培训等计划，因灾制宜、因地制宜制定评估预报预防和减少自然灾害的方法。[①]《国际减轻自然灾害十年行动框架》要求所有国家的政府都

---

① 许德厚：《联合国通过"国际减轻自然灾害十年"提案》，《国际地震动态》1988 年第 12 期，第 14 页。

要做到：拟订国家减轻自然灾害方案，特别是发展中国家，将之纳入本国发展计划之中；在"国际减轻自然灾害十年"期间参与统一的国际减少自然灾害行动，同有关科技界合作，设立国家委员会；鼓励本国地方行政部门采取适当措施为实现"国际减轻自然灾害十年"的宗旨做出贡献；采取适当措施使公众进一步认识减灾的重要性，并通过教育、训练和其他办法，加强社区的防灾能力；注意自然灾害对保健工作的影响，特别是注意减轻医院和保健中心易受损失的风险，以及注意自然灾害对粮食储存设施、避难所和其他社会经济基础设施的影响；鼓励科学和技术机构、金融机构、工业界、基金会和其他有关的非政府组织，支持和充分参与国际社会（包括各国政府、国际组织和非政府组织）拟订和执行的各种减灾方案和减灾活动。

此外，为了确保"国际减轻自然灾害十年"活动的顺利实施，《国际减轻自然灾害十年行动框架》决定成立"国际减轻自然灾害十年"高级特别委员会（由 10 位国际著名人士组成的机构）、"国际减轻自然灾害十年"科学和技术委员会（由世界各国 24 位专家组成的专家组）和"国际减轻自然灾害十年秘书处"。其中，秘书处负责与联合国救灾协调专员办事处联系和"减灾十年"活动的日常协调及其他相关工作，并向高级特别委员会及科学和技术委员会提供具体的文案支持。①

3. "国际减轻自然灾害十年"活动的成果

要总结"国际减轻自然灾害十年"活动取得的成果，就不得不

---

① 联合国第 44/236 号决议：《国际减灾战略》，附件：《国际减轻自然灾害十年国际行动纲领》，1989 年 12 月 22 日第 85 次全体会议，https：//www.un.org/zh/documents/view_doc.asp？symbol＝A/RES/44/236。

提"减灾十年"期间先后举行的三次全球标志性会议。第一次是 1993 年 11 月 1 ~ 4 日在日本名古屋市召开的"国际减灾十年"名古屋国际会议。会议的主题是"大城市地区国际减灾十年活动及灾害管理"。这次会议由日本"国际减灾十年"委员会、世界银行、联合国区域发展中心等主办，并得到联合国开发计划署和联合国人类居住中心的支持。来自 46 个国家和地区及 9 个国际组织的 1100 多名代表参加了会议。其中包括政府高级官员、高级工程师、大学教授和非政府组织的防灾专家代表。会议期间，联合国"国际减灾十年"科技委员会主席 J. P. 布伦斯作了"国际减灾十年活动对大城市地区重要意义"的基调演讲，日本自然灾害学会会长土岐宪三作了题为"世界自然灾害对生命和财产造成的损失"的报告。值得一提的是，《中国减灾》杂志受到与会者的青睐，而由上海市建委撰写的《利用城市规划减轻自然灾害》和武汉市民政局撰写的《武汉市发展与防灾减灾》的文章受到参会者的好评。此外，会议还达成多项共识，包括：推进人口、资金和资源高度集中的大城市地区的危险性评估；国家及政府在制定执行计划中考虑"灾害的危险性"；应维持生命线系统在紧急时期的最低限度功能；社会公众自觉的防减灾参与十分重要；确保特殊场所公共设施的安全；强化信息传播的重要性；建立国际合作性全球网络和全球减灾计划；利用高新技术服务于减灾。本次会议聚焦于大城市地区的灾害对策，让与会者扩大了视野，增长了知识，了解了当今世界防灾研究的新成果，对各国深入开展国际减灾十年活动具有重要的参考价值。

第二次是 1994 年 5 月 23 ~ 27 日在日本横滨召开的第一届联合国世界减少自然灾害大会（World Conference on Natural Disaster Reduction）。这次大会是在开展"减灾十年"活动的关键时刻召开的，作为"减灾十年"成果的中期评估，此次大会的目的是审查"减灾十年"在国家、区域和国际各级组织所取得的成就；拟订未来的行动纲领；交流有关"减灾十年"各种方案和政策实施的情况；提高对减灾政策重要性的认识。会议成果文件即《横滨战略和行动计划》（Yokohama Strategy and its Plan of Action）提出了包括灾害风险的识别，灾害风险的评估，灾害风险与社会经济发展之间的关系，以及要实现国际减灾十年的目标，防灾、减灾和备灾比救灾更有效等认知。强调在国家层面应通过最高级别的宣言、立法、政策来确定行动，要明确表达减灾和减少脆弱性的政治承诺，推动机构能力建设，加强技术共享，收集、传播和利用有助于减灾的信息，从国家到社区的各层级要逐步执行灾害评估和减灾计划。同时，鼓励各国政府将私营部门纳入减灾工作并促进社会团体积极参与灾害管理。实践证明，上述具有前瞻性的理论创新观点对后来20年的减灾工作起到了重要的指导作用。

第三次会议是1999年7月5~9日，由联合国组织的在日内瓦举行的国际减灾十年方案论坛（The IDNDR Programme Forum）。会议期间，各国通过各种形式从两个方面总结和分析了在减灾十年期间的工作情况和主要经验。一方面，经过十年来各国政府尤其是科学界的共同努力，全球大幅度提高了减灾领域的科学理论和技术应用水平。特别是科学界对自然灾害这个广泛应用的词汇达成了共识，即地震强台风等是自然现象，不足以构成灾害。灾害的产生是由致灾因子包括台风、暴雨、地震等各种自然现象，人类社会对灾害的脆弱性和人类社会对灾害的应对能力三方面造成。[1] 另一方面

---

[1] 叶谦：《绿色发展与综合灾害风险防范》，《国际学术动态》2020年第6期，第37页。

强调减少灾害风险的势头实际上刚刚开始，减灾工作任重道远，要求联合国把减少灾害风险作为日常工作的一部分，继续发挥好协调作用。可以说，在 20 世纪最后 10 年开展的"国际减轻自然灾害十年"活动是全世界第一次携手共同应对威胁人类生存与发展的重大行动，它构筑了一个全球合作共同减少灾害的平台，是全球减灾事业的一个里程碑。① 在联合国的引领下，世界各地广泛开展减灾行动，有 140 多个国家成立了国家级减灾委员会；联合国各大组织（如联合国开发计划署、世界气象组织、世界卫生组织、联合国教科文组织等），各种非政府组织（如国际红十字会、国际红新月会等），各类金融机构（如世界银行、亚洲开发银行等）纷纷采取行动；全球各类科学技术项目直接为灾害预警、预报、评估、风险管理、减灾提供服务等。总之，"国际减轻自然灾害十年"活动大大加强了人类抵御自然灾害风险的能力，提高了防灾意识，成为人类共同应对自然灾害风险的良好开端。

二 联合国"国际减灾战略"的实施

1999 年前，《横滨战略和行动计划》由"国际减灾十年"秘书处负责具体促进实施。1999 年后，为确保该行动计划的实施，联合国大会决议同意设立联合国国际减灾战略（UNISDR）秘书处，负责行动计划的协调实施。

---

① 本刊评论员：《全球减灾事业的新里程碑》，《中国减灾》2000 年第 1 期，第 2 页。

1. 国际减灾十年活动后续安排："联合国国际减灾战略"

联合国"国际减轻自然灾害十年"活动随着 2000 年的结束落下了帷幕，但灾害并没有同 20 世纪一起结束，全球的灾害形势仍然十分严峻，全球减轻灾害的活动面临着一个新的抉择。正因此，"国际减灾十年"科学和技术委员会在 1998 年召开的第八次会议上就曾专门讨论了国际减灾十年未来的战略、国际减灾十年最后阶段的工作以及向 21 世纪过渡的问题。会议认为，国际减灾十年只是 21 世纪以后减灾事业继续发展的过渡体制，如何开启新的国际减灾十年计划将成为一个迫切的问题。[①] 而在 1999 年 7 月 5～9 日举行的日内瓦国际减灾十年方案论坛上通过的《日内瓦战略——21 世纪建立更安全的世界：减轻灾害和风险》《国际减灾十年方案论坛的基本结论》《日内瓦减灾宣言》《关于科学技术支持减轻自然灾害分论坛声明》四个文件中更是对国际减灾十年活动做了全面总结，并对今后的减灾工作进行了展望。其中，在《日内瓦战略》文件中首次提到继续实施国际减灾十年活动的"联合国国际减灾战略"（United Nations International Strategy for Disaster Reduction，UNISDR）。联合国经济及社会理事会在 1999 年 7 月 30 日通过的《国际减灾十年后续安排》的 1999/63 号决议中回顾了这个战略文件。[②] 联合国国际减灾战略的主要目的是：（1）使社区从自然灾害、技术灾害和环境灾害的影响中得到恢复，减轻社会和经济易损性复合型危险。（2）通过预防灾害战略与可持续发展活动的结合，从抵御灾害转

[①] 许厚德：《联合国对国际减灾十年后的国际减灾战略安排》，《劳动安全与健康》2000 年第 3 期，第 27～28 页。

[②] 王青：《国际减灾十年后续安排——联合国经社理事会 1999/63 号决议》，《中国减灾》2000 年第 1 期，第 12 页。

变为风险管理。联合国国际减灾战略的主要目标包括：（1）提高公众关于自然灾害、技术灾害和环境灾害对当代社会造成危险的认识；（2）得到政府对减轻民众遭受灾害以及环境危险的承诺；（3）各级政府要确保公众参与建立抗灾社区的工作，并通过增加合作伙伴的方式，不断完善防灾减灾网络；（4）为了便于统计由灾害引起的社会和经济的损失，统一使用国内生产总值来计量。在第 54 届联合国大会上，联合国秘书长所做的 54/497 报告，介绍了 1990～2000 年国际减灾十年活动的情况，并根据经济及社会理事会（ECOSOC 63/99）决议，提出了国际减灾十年活动结束后的联合国系统减灾活动建议和机构安排。1999 年 12 月 22 日第 54 届联合国大会第 87 次全体会议核准秘书长报告并通过了《国际减轻自然灾害十年：后续安排》的第 54/219 号决议，为未来的国际减灾战略工作提供了专门的指导方针。决议指出"要确保尽快为今后减灾职能的连续性做出安排，有效地执行国际减少灾害战略"。联合国认为，国际减灾十年活动已经结束，它将通过另一个计划予以继续。即提出联合国国际减灾战略并设立一个特别工作组及秘书处。

联合国确认国际减灾战略主要是基于以下两个对减灾的认识。第一，减轻灾害是一项中长期的工作。其目的是通过很好地利用科学、技术及社会经济知识，确保政府和社会采取预防措施并付诸实践，以在未来自然和技术灾害的负面影响下，使社会得到保护。由于减灾工作不会立即见效，它的成功需要依靠建设预防文化，并为此付出艰苦的努力。第二，国际减灾十年活动经验表明，卓有成效的长期减灾战略最为关键的是具有广泛基础的跨部门和多学科的合作。

2001 年联合国通过国际减少灾害战略第 56/195 号决议，提请联合国有关组织支持执行国际减灾战略。[①] 联合国认为，国际减灾战略可以成为从地方社区到国家、区域以及国际各方面的减灾工作框架。它即作为一个总的战略，又可成为推进防灾减灾工作的一个抓手，这个战略是未来国际减灾合作的主要内容。

为实施国际减灾战略，联合国根据第 54/219 号决议设立了联合国机构间减灾工作委员会和联合国国际减灾战略秘书处。机构间减灾工作委员会的主要职能是：①作为联合国系统内提出减少自然灾害战略和政策的论坛；②确定减灾政策和计划的不足，并提出补足的意见；③确保有关减灾机构实施其工作；④为秘书处提出政策的指导原则；⑤召开特别专家会议，讨论有关减灾问题。国际减少灾害战略秘书处的主要职能是：①作为联合国系统内协调减灾战略和计划的联络点，并且确保国际减灾战略同社会——经济及人道主义活动间的协调作用；②在发展减灾政策方面支持机构间减灾工作委员会；③通过倡导各种活动在全球范围内推进减灾文化；④作为传播和交流减灾战略信息及知识的国际交流场所；⑤支持国家委员会的减灾政策和各种活动。2001 年联合国大会通过第 56/15 号决议，进一步扩展了国际减灾战略秘书处的功能，即在联合国系统发挥防灾减灾协调核心作用的同时，要切实提高各地区有关防灾活动与社会经济、人道主义救助领域的协同效果，满足联合国框架下防灾主流化的需求。

自此，联合国国际减灾战略在联合国的授权下，发展成为联合

---

① UN Office for Disaster Risk Reduction, *2000 – 2007: Disasters, Vulnerability, and the ISDR*, https://www.undrr.org/about – undrr/history.

国系统中专门负责协调减灾事务的重要机构。其主要职能包括获得政府实施减灾政策和行动的支持；提高公众对于潜在风险、脆弱性和全球减灾的认识；倡导建议跨部门跨领域伙伴关系的建立；完善减灾科学技术。

联合国决定将"国际减灾十年"活动逐步发展成为"国际减灾战略"是 21 世纪全球减灾的重大决策，也是世界减灾事业的里程碑。随着全球灾害日益增多和全球气候变化日益严重，联合国强调进一步加强国际减灾战略的减灾协调系统和能力。国际减灾战略始终致力于把各地区、各国、各国际组织以及多边利益攸关方协调起来，努力实现"减少由于自然致灾因子引发的灾害所造成的死亡，推动各国政府采取防御性措施，减轻由自然致灾因子引起的灾害所造成的影响"的共同目标。

2. "联合国国际减灾战略"的运行

联合国国际减灾战略的工作主要是落实联合国大会有关国际减灾战略的决议。例如，2002 年 12 月 20 日第 57 届联合国大会通过国际减少灾害战略（第 57/256 号）决议。该决议"提请秘书长在战略秘书处的协助下，与各国政府和联合国系统有关组织，包括国际金融机构协商，规划和协调 2004 年对《横滨战略和行动计划》的审查"。① 又如 2003 年 12 月 23 日第 58 届联合国大会通过国际减少灾害战略（第 58/214 号）决议，决定"将于 2005 年 1 月在日本神户举行第二次世界减灾会议，由国际减灾战略负责各项协调和筹备工作；分享在实现可持续发展的范围内进一步减少灾害的最佳做

---

① 联合国文件 57/256：《国际减少灾害战略》，https：//www. un. org/zh/documents/view_doc. asp？symbol = A/RES/57/256。

法和经验教训，认清差距和挑战；完成对《横滨战略和行动计划》的审查，以期制定 21 世纪减少灾害的指导框架"。① 在第一个五年（2000～2004 年）期间，国际减灾战略有三方面的工作，一是持续推动和分析评估《横滨战略和行动计划》，二是制定未来十年减少灾害的指导框架，三是筹备第二届世界减灾大会。通过对 120 多个国家实施《横滨战略和行动计划》进展情况的评估，国际减灾战略认为，《横滨战略和行动计划》的实施使国际减灾工作有了很大进展，为进一步纵深发展创造了良好条件。成果主要包括：各国代表在联合国可持续发展会议上通过政策声明的方式要求国际社会和地区组织做出新的减灾承诺，敦促政府在社会经济发展中采取切实可行的行动，减少脆弱性，进行风险评估，制定有效策略并推进灾害及风险的管理；同时，国际社会对贫穷、环境、自然资源管理及灾害风险几者之间关系的理解不断深入，并确定了适应气候变化、人口快速增加、城市化快速增长等几个与灾害风险有关的因素。简言之，《横滨战略和行动计划》为国际减灾工作提供了一份蓝图，在它实施的十年（1994～2004 年）过程中，特别是在灾害管理方面，各国都取得了不同程度的进展。诚然，尽管大多数国家的因灾死亡人数呈下降趋势，但灾害数量与经济损失仍在不断上升。联合国国际减灾战略把减灾中存在的差距和挑战归纳为五个主要方面，这五个方面成为第二届世界减灾大会的成果文件《兵库行动框架》中确定五个减灾优先领域的重要参考。②

---

① 联合国文件 58/214：《国际减少灾害战略》，https：//www. un. org/zh/documents/view_doc. asp？ symbol = A/RES/58/214。
② 阚凤敏：《联合国引领国际减灾三十年：从灾害管理到灾害风险管理（1990 - 2019 年）》，《中国减灾》2020 年第 5 期，第 56 页。

2005 年 1 月 18～22 日在日本神户市举行了第二届联合国世界减少灾害大会，会议审议了《横滨战略和行动计划》的执行情况，总结了国际社会在减灾方面积累的经验、存在的差距和挑战，通过了《兵库宣言》和《2005 - 2015 年兵库行动框架：加强国家和社区的抗灾能力》（Hyogo Framework for Action 2005 - 2015：building the resilience of Nations and communities to disasters）。《兵库宣言》表明了政府在减灾方面的政治承诺和决心，《兵库行动框架》确定了 2005～2015 年五个减灾优先领域，以更好地巩固和发扬《横滨战略和行动计划》实施中所取得的成就，并应对各国普遍存在的挑战。可以说，《兵库行动框架》为今后十年联合国的国际减灾行动提供了重要的指导方针。2006 年，在国际减灾战略秘书处的倡导下，第 61 届联合国大会通过决议（第 61/198 号），决定建立减少灾害风险全球平台。该平台成为推动减轻灾害风险以及实施《兵库行动框架》的主要全球论坛，也是各国和相关利益攸关方机制化开展减灾交流与共享减灾经验成果的重要国际平台。

在 2005～2015 年这十年间，联合国国际减灾战略的中心工作是全面推进《兵库行动框架》的有效实施。为此，国际减灾战略及其秘书处每年交替召开全球减灾平台会议、区域减灾平台会议，促进了各方信息、知识和经验交流；隔年发布的《减少灾害风险全球评估报告》已成为了解风险信息、趋势和减少灾害风险方面的应对策略及参考文件；2007 年启动的全球防灾减灾知识共享平台预防网（Prevention Web）满足了各国对减灾信息的需求，为减灾信息共享、国际合作提供便利；举办"国际减轻自然灾害日""世界海啸意识日"、评选"联合国笹川减灾奖"等活动促进了各国和社区防灾意识的提高。

2015 年 3 月，第三届联合国世界减少灾害风险大会在日本仙台举行。会议通过了《2015－2030 年仙台减少灾害风险框架》（简称《仙台减灾框架》），提出了未来 15 年内要取得的预期成果，确定了 7 项定量目标，以及理解灾害风险、加强灾害风险治理、投资减轻灾害风险和提高韧性、加强备灾以有效应对并在恢复、善后和重建方面做得更好等 4 个优先行动领域。应该说，《仙台减灾框架》翻开了全球减灾事业的新篇章。

三 更名为"联合国减少灾害风险办公室"

随着第三届联合国世界减少灾害风险大会的成功举办，在 2015 年之后的历届联合国大会通过的有关减少灾害风险决议中，已将"联合国国际减灾战略"的中文表述改称为"联合国减少灾害风险办公室"，但英文仍沿用"United Nations International Strategy for Disaster Reduction，UNISDR"。"2019 年 5 月 1 日"是一个特殊的日子，当人们点开联合国国际减灾战略（UNISDR）官方网站的首页时发现左上角标注着几行字，标题是"About UNDRR（关于联合国减少灾害风险办公室）"。其说明很简洁："联合国减少灾害风险办公室（前身为联合国国际减灾战略）是联合国减少灾害风险的协调中心。UNDRR 支持和监督各国执行《2015－2030 年仙台减少灾害风险框架》，分享在减少现有风险和防止产生新风险方面的良好做法。"原来，从 2019 年 5 月 1 日起，联合国减少灾害风险办公室的英文全称更新为"United Nations Office for Disaster Risk Reduction，简称 UNDRR"。对此，联合国秘书长减灾事务特别代表水鸟真美

（Mami Mizutori）女士在《2019 年度报告》（Annual Report 2019）的前言中解释说："我们在 2019 年 5 月 13 日召开第六届全球减少灾害风险平台大会的两周前，更换了联合国减少灾害风险办公室的英文全称和简称，使其名称和任务更为一致。"①

---

① United Nations Office for Disaster Risk Reduction，*Annual Report 2019*，p. 4.

第二章

联合国减少灾害风险办公室
机构设置与职能

联合国减少灾害风险办公室现由联合国秘书长减灾事务特别代表水鸟真美女士领导，主要通过其设在瑞士日内瓦的总部以及5个区域外派办事处和联络处行使职能。正如水鸟真美女士所说："我们支持世界各地的成员国为所有人建设一个更安全、更具韧性的未来。我们是一个小组织，但我们有一颗与我们的使命一样大的心。"①

一 联合国减少灾害风险办公室的机构设置

如图 2-1 所示，联合国减少灾害风险办公室下设 5 个部门，现有员工 120 余人。其中，联合国减少灾害风险办公室主任由联合国秘书长任命，负责向联合国秘书长减灾事务特别代表汇报工作，并协助其处理日常事务和协调各部门工作。联合国减少灾害风险办公室曾任主任有萨尔瓦诺·布里塞尼奥（Salvano Briceno）先生、基尔西·马迪（Kirsi Madi）女士，现任主任是里卡多·梅纳（Ricardo Mena）先生。此外，支持和监测仙台框架执行处主要负责

---

① United Nations Office for Disaster Risk Reduction, "Our Work", https：//www.undrr.org/about - undrr/our - work.

减灾政策的制定以及提供仙台框架监测数据、指标和信息，编写全球风险分析报告，协调全球平台和管理位于韩国仁川的全球教育培训学院；支持政府间、机构间与合作伙伴关系处主要负责支持政府间和机构间的合作，与主要利益攸关方（私营部门、民间社会、议员）的接触和沟通；两个保障部门主要负责资源调配、财务、人事管理以及对外宣传、信息网络维护。

联合国减少灾害风险办公室支持区域、国家和地方的执行与监测处分管5个区域办事处和若干个次区域联络处。5个区域办事处是非洲区域办事处、美洲和加勒比区域办事处、阿拉伯国家区域办事处、亚洲及太平洋区域办事处以及欧洲区域办事处。

非洲区域办事处（Regional Office for Africa）设在肯尼亚首都内罗毕，主要任务是协调和支持撒哈拉以南非洲44个成员国的减灾活动。联合国减少灾害风险办公室非洲区域办事处与非洲联盟委员会（AUC）、五个区域经济共同体（RECs）等机构建立了牢固的合作伙伴关系，并努力推进本地区科技组织、青年代表、媒体和民间团体等利益攸关方参与减灾行动。

美洲和加勒比区域办事处（Regional Office for the Americas and the Caribbean）位于巴拿马首都巴拿马城。联合国减少灾害风险办公室美洲和加勒比区域办事处为包括北美洲、中美洲、南美洲和加勒比地区在内的整个区域的政府以及利益攸关团体的防灾减灾救灾行动提供支撑，推动预防灾害文化建设，打造具有抗灾能力（韧性）的国家和社区。

阿拉伯国家区域办事处（Regional Office for Arab States）成立于2007年，目的是支持阿拉伯国家和社区提高抗灾能力。设在埃及首都开罗的阿拉伯国家区域办事处与包括阿拉伯国家联盟及其技

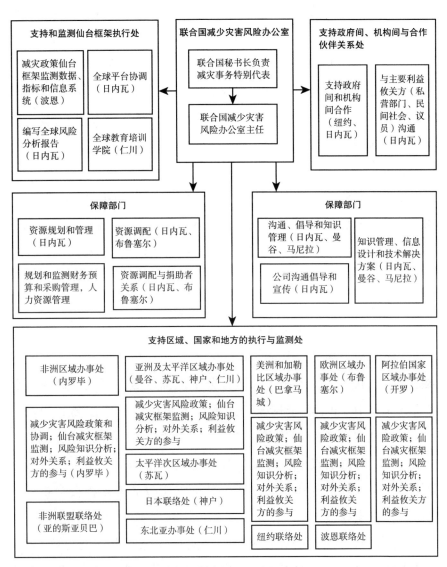

图 2－1 联合国减少灾害风险办公室机构设置（截至 2020 年 9 月 30 日）

资料来源：译自联合国减少灾害风险办公室网站，https：// www. undrr. org/ about － undrr／our － work。

术性区域组织在内的主要区域政府间组织致力于减少灾害风险的合作，促进将减少风险纳入区域和国家政策和计划之中，包括适应气候变化、可持续发展、城市发展和城市规划。区域办事处负责在区域一级促进与民间社会网络、专家技术小组、媒体、国际组织的联系和协调，以提高对环境风险，尤其是气候变化、可持续发展、城市发展规划与减灾相关性的了解，并有针对性地开展各种减少灾害风险活动。

亚洲及太平洋区域办事处（Regional Office for Asia & the Pacific）设在泰国首都曼谷。联合国减少灾害风险办公室亚洲及太平洋区域办事处负责协调亚太区域 39 个国家和 13 个地区开展减灾工作，并与各国政府、联合国国家工作队、区域和国际组织以及其他利益攸关方团体合作，致力于减轻灾害，建设具有包容性、安全、有复原力和可持续发展的国家和地区。

欧洲区域办事处（Regional Office for Europe）设在比利时首都布鲁塞尔。联合国减少灾害风险办公室欧洲区域办事处的减灾工作覆盖欧洲和中亚的 55 个国家，主要任务是协助各国监测和跟踪执行《仙台减灾框架》的成果，支持制定国家和地方减少风险战略，加强与私营部门的接触，并提供政策咨询，特别是关于可持续金融和气候安全的政策咨询，为创建更具抗灾能力的未来社会提供政策建议和智力支撑。

此外，联合国减少灾害风险办公室还在德国设立波恩联络处，在日本神户设立日本联络处，在韩国仁川设立东北亚办事处和全球教育培训学院，在美国设立纽约联络处，在斐济苏瓦设立太平洋次区域办事处以及在埃塞俄比亚的斯亚贝巴设立非洲联盟联络处。

　　波恩联络处（Bonn Liaison Office）是联合国减少灾害风险办公室《仙台减灾框架》监测过程支持小组所在地，其任务是支持各国政府报告减少生命损失的进展情况，减少受灾的人数，减少经济损失和对关键基础设施造成的损害。它通过技术指导、培训等相关的举措，支持各国通过仙台框架在线监测系统报告各自进展情况。此外，波恩联络处还承担《联合国气候变化框架公约》中减少灾害风险和适应气候变化的工作，并倡导减少灾害风险、气候变化和可持续发展之间的协同作用，强调协调减少灾害风险和适应气候变化的综合办法是提高抗灾能力的关键。波恩联络处通过监测《仙台减灾框架》相关指标，确保减少灾害风险与气候行动相一致。

　　日本联络处（UNDRR Liaison Office in Japan）位于神户市，联络处与日本政府和在减少灾害风险方面拥有丰富经验和专业知识的其他机构密切合作，支持世界各地提升防灾减灾能力；促进政府、学术研究机构、私营部门和民间团体为全球和区域减灾做出贡献，并将其经验、技术和创新分享给需要的国家和地区。日本联络处负责管理《仙台减灾框架》自愿承诺在线平台，使利益攸关方也能为执行《仙台减灾框架》做出贡献并得到认可。

　　纽约联络处（New York Liaison Office）致力于向成员国和观察员国及其他利益攸关方提供政策咨询和支持，并与联合国系统伙伴密切合作，确保《2030 年可持续发展议程》《亚的斯亚贝巴行动议程》《巴黎气候变化协定》《伊斯坦布尔最不发达国家行动纲领》《内陆发展中国家维也纳行动纲领》和《小岛屿发展中国家可持续发展行动纲领》等与《仙台减灾框架》的贯彻落实。

　　东北亚办事处和全球教育培训学院（Office for Northeast Asia & Global Education and Training Institute）成立于 2010 年，旨在培养一

支新的减少灾害风险和适应气候变化的专业人才队伍，以建设具有抗灾能力的社会。该机构作为开展"让城市具有韧性"和"让城市具有韧性2030"（MCR2030）运动的秘书处，支持中国、韩国、日本、蒙古国和朝鲜开展减少灾害风险活动，促进将减少灾害风险和适应气候变化纳入可持续发展轨道，确保《仙台减灾框架》的实施。

太平洋次区域办事处（Sub-regional Office for the Pacific）位于斐济首都苏瓦。在苏瓦设立办事处有助于联合国减少灾害风险办公室更好地了解与帮助解决太平洋岛国所面临的灾害风险挑战，能为斐济及该地区其他国家在减少灾害风险、气候变化等诸多领域的发展做出贡献。

非洲联盟联络处（African Union Liaison Office）设在埃塞俄比亚首都亚的斯亚贝巴。该联络处主要负责向非洲联盟委员会提供帮助，推进非洲地区执行《2015－2030年仙台减少灾害风险框架》行动计划。非洲联盟联络处还与非洲联盟委员会联合举办每年两次的非洲减少灾害风险工作组会议，工作组是非洲地区协调减灾事务的主要机构，由非洲联盟委员会担任主席。

二 联合国减少灾害风险办公室的宗旨、战略目标、作用和职能

1. 联合国减少灾害风险办公室的宗旨

联合国减少灾害风险办公室的宗旨：①为减轻灾害风险和实施《2015－2030年仙台减少灾害风险框架》（以下简称《仙台减灾框架》）调动政治资源和财政资源；②发展和维护有活力的多利益攸关方系统；③提供减灾相关的信息和指导。

2. 联合国减少灾害风险办公室的战略目标

联合国减少灾害风险办公室的战略目标：①加强全球监测、分析和协调《仙台减灾框架》战略目标；②支持区域和国家落实《仙台减灾框架》；③通过国家和合作伙伴推动实施《仙台减灾框架》的行动。

3. 联合国减少灾害风险办公室的作用

联合国减少灾害风险办公室的作用：一是为实施、跟进和审查《仙台减灾框架》提供支持；二是促进《仙台减灾框架》《2030 年可持续发展议程》《可持续发展目标》以及《巴黎气候变化协定》等其他国际公约的协调统一。

4. 联合国减少灾害风险办公室的职能

（1）协调职能。协调联合国机构和有关各方制定减轻灾害风险政策、报告以及共享信息，为国家、区域以及全球范围的减灾努力提供支持；通过关键指标，如通过两年一次的全球评估报告监测《仙台减灾框架》的实施，组织区域平台，管理全球减灾平台；为《仙台减灾框架》优先领域提供政策导向，特别是将减轻灾害风险纳入气候变化适应性政策框架。

（2）教育活动职能。与合作伙伴一起开展各种防灾减灾活动，主要包括"让城市具有韧性（抗灾能力）""国际减少自然灾害日""联合国笹川减灾奖"以及"世界海啸意识日"等活动。通过将减少灾害风险纳入学校课程以及儿童和青年不断参与减少灾害风险的决策过程，促进全球安全和预防灾害文化建设。在国际论坛上组织关于减少灾害风险教育的专题讨论，并将其系统地纳入全球和区域减少灾害风险平台的议程。

（3）倡议职能。一是气候变化的适应。倡导减少灾害风险与气候变化之间的协同作用，加强对减少灾害风险和气候变化适应的认识，将其作为气候风险管理和可持续发展的基本要素。通过在国际层面制定有关减少灾害风险与应对气候变化之间联系的具体政策，指导国家和区域开展减灾一体化的行动。二是性别。倡导"社会包容性方法"关注具体的性别差异和脆弱性，将性别问题纳入规划和实施减少灾害风险政策。三是倡导建立具有韧性的社区并降低灾害风险。

（4）发布职能。一是发布《全球减少灾害风险评估报告》（GAR）；二是启用全球防灾减灾知识共享平台预防网（Prevention Web）；三是编辑出版《减少灾害风险术语》。

（5）监督职能。监督《仙台减灾框架》的落实，帮助各国制定减少灾害风险战略。

三 联合国减少灾害风险办公室的资金来源及其运作

联合国减少灾害风险办公室的资金有两个主要来源，一是联合国经费预算，二是成员国和其他伙伴的自愿捐款。联合国经费预算只占总预算的不到1%，99%以上的资金依靠自愿捐款。其中，自愿捐款主要来自成员国以及其他联合国组织、政府间组织、慈善基金会、私营部门和其他机构。如表2-1所示，联合国减少灾害风险办公室在2018~2019年两年中合计收到捐款7675万美元（这一数额包括2019年捐款，以及2020年初来自捷克和西班牙政府的捐款）。其中，2019年度资金使用为3600万美元。有约1560万美元于2020年以后执行。

自愿捐款根据联合国减少灾害风险办公室在决定如何使用这些资金方面的灵活程度被进一步分为以下几类。一是自愿捐款是完全无条件的灵活的（非专项）资金，这意味着联合国减少灾害风险办公室对如何使用这些资金来资助本机构的规划工作拥有完全的自由酌处权。这些资金占所有自愿捐款的45%。二是指定用途自愿捐款（专项资金），该资金占所有自愿捐款的38%。这些资金被严格指定用于特定的规划或项目，并且必须在指定的时间范围内使用。三是软性专项资金（部分灵活），旨在满足捐款方对报告和问责的要求，同时在资金分配方面提供一定程度的灵活性。这些资金提供了更有效和高效的专项资金，可在实现捐款方的优先事项的同时，帮助推动联合国减少灾害风险办公室更加注重结果。这些资金占所有自愿捐款的17%。在资金使用方面，未指定用途的核心资金的灵活性质尤为重要，因为这使联合国减少灾害风险办公室能够有策略地灵活开展工作。例如，在2019年联合国减少灾害风险办公室获得62%可供灵活使用的资金（包括45%未指定用途资金和17%软性指定用途资金），它为减少灾害风险目标的实现提供了宝贵的可预测性和可靠的现金流。2019年，联合国减少灾害风险办公室的可供执行的资金约为3600万美元，支出使用3350万美元，实现了93%的执行率（详见联合国减少灾害风险办公室《2019年度报告》附件1："产出指标的进展"。该报告可在线查阅，系统地介绍了2019年取得的成就）。另外，为了筹集经费，联合国减少灾害风险办公室在2019年先后召开了两次捐助方会议，介绍了该机构的工作方案、战略优先事项、工作的进展情况以及对相关资金的需求。[1]

---

① United Nations Office for Disaster Risk Reduction, *Annual Report 2019*, p.75.

表 2-1 2018~2019 年联合国减少灾害风险
办公室的自愿捐款情况

单位：美元

捐款方	2018 年	2019 年	两年合计
阿根廷[1]	25000	—	25000
澳大利亚[1]	1682718	1420944	3103662
中国[2]	—	599980	599980
塞浦路斯[1]	11377	—	11377
捷克[2]	127873	873744	1001617
芬兰[2]	1207729	1148106	2355835
法国[2]	11968	11177	23145
德国[1]	5211300	5015866	10227166
爱尔兰[2]	582751	330033	912784
日本[4]	7203382	5200218	12403600
哈萨克斯坦[3]	100000	10000	110000
韩国[1]	2399980	1916268	4316248
卢森堡[2]	310559	278087	588646
新西兰[1]	—	37239	37239
挪威[2]	1618225	2775783	4394008
菲律宾[2]	—	2500	2500
西班牙[1]	—	111607	111607
瑞典[2]	8224725	6599934	14824659
瑞士[5]	2782543	3273312	6055855
美国[1]	1512653	654330	2166983
小计	33012783	30259129	63271912
其他机构			
欧盟委员会[6]	6819187	4961155	11780342
英国研究与创新基金会[1]	—	65445	65445
世界银行[1]	471000	427310	898310
西亚经济社会委员会[1]	16667		16667

续表

捐款方	2018 年	2019 年	两年合计
人的安全信托基金[1]	335215		335215
联合国开发计划署[1]	—	103680	103680
联合国妇女署[1]	—	72770	72770
小计	7642069	5630360	13272429
私营部门			
埃尼尔基金会[2]	39773	—	39773
机构发展基金[2]	—	5000	5000
UPS 基金会[4]	60000	70000	130000
韦莱保险经纪有限公司[1]	36800	—	36800
小计	136573	75000	211573
总计	40791425	35964489	7680 万

注:[1] 专项捐款;[2] 未指定用途捐款;[3] 软性专项捐款;[4] 未指定用途以及软性专项组合捐款;[5] 专项、未指定用途和软性专项组合捐款;[6] 来自欧盟发展与合作总司和欧盟人道主义援助办公室总司的专项捐款。

资料来源:联合国减少灾害风险办公室《2019 年度报告》,第 76 页,https://www.undrr.org/publications。

四 历届联合国秘书长减少灾害
风险事务特别代表

2000 年 2 月第 54 届联合国大会通过关于《国际减轻自然灾害十年:后续安排》的第 54/219 号决议,决定"在联合国主管人道主义事务副秘书长的领导下成立国际减少灾害战略秘书处"。国际减少灾害战略秘书处(现为联合国减少灾害风险办公室)的领导工作可分为两个时期:即 2000~2007 年,在联合国主管人道主义事务副秘书长的直接领导下开展工作;2008 年至今,由联合国秘书长负责减灾事务的特别代表（助理秘书长）主持工作。

第一任联合国秘书长负责减灾事务的特别代表是来自瑞典的玛格丽特·瓦尔斯特伦（Margareta Wahlstrom）女士，任期为 2008 ~ 2015 年。2008 年 11 月 17 日，玛格丽塔·瓦尔斯特伦被任命为新设立的主管减少灾害风险助理秘书长和秘书长执行《兵库行动框架》特别代表。① 玛格丽特·瓦尔斯特伦曾担任主管人道主义事务的助理秘书长和联合国紧急救济副协调员，在加强备灾和减少风险能力的灾害管理和机构建设方面拥有 25 年的国内和国际经验，在 100 多个国家和地区，包括中东、北非、东南亚、非洲南部以及拉丁美洲工作或履行过使命。玛格丽特·瓦尔斯特伦女士关心和支持中国的减灾事业，曾多次访问中国。如 2014 年 3 月，玛格丽特·瓦尔斯特伦女士应邀参加中国国家减灾委和民政部主持召开的综合减灾国际合作座谈会，就联合国国际减灾战略（UNISDR）与中方协同推进实施国家综合防灾减灾规划的有关经验和做法进行交流研讨。

第二任联合国秘书长负责减灾事务的特别代表是来自澳大利亚的罗伯特·格拉瑟（Robert Glasser）博士，任期为 2016 ~ 2018 年。2016 年 1 月 8 日，罗伯特·格拉瑟被任命为联合国秘书长减少灾害风险特别代表，接替 2015 年底完成两届任期的玛格丽塔·瓦尔斯特伦女士。从 2008 年至 2015 年，格拉瑟博士担任国际关怀组织秘书长，该组织是世界上最大的非政府人道主义组织之一，活跃于 80 多个国家。从 2003 年至 2007 年，格拉瑟博士担任澳大利亚护理中

---

① United Nations Office for Disaster Risk Reduction, "New UN Assistant Secretary-General for DRR appointed," https： //www. unisdr. org/2008/highlights/ISDR – highlight – 2008. pdf.

心的首席执行官。在加入国际救助贫困组织（CARE）之前，他是澳大利亚国际开发署的助理总干事。格拉瑟博士也是全球气候行动呼吁组织（GCCA）董事会成员，还是国际联盟（International Alliance，CHS）的首任董事会主席。国际联盟是一个由援助人员和人道主义责任伙伴关系（HAP）合并而成的新组织。① 2017 年 5 月，履新不久的格拉瑟博士即到访中国，时任国家减灾委副主任、民政部部长黄树贤会见了格拉瑟一行。格拉瑟高度赞扬中国政府积极推动实施《仙台减灾框架》，将"减轻灾害风险"理念纳入国家综合防灾减灾规划，防灾减灾救灾工作取得了很大成绩，为世界其他国家和地区提供了宝贵经验和借鉴，希望中国在全球防灾减灾救灾领域发挥更大的引领作用。

现任联合国秘书长负责减灾事务的特别代表是来自日本的水鸟真美（Mami Mizutori）女士。2018 年 1 月 31 日，联合国秘书长古特雷斯宣布任命水鸟真美为联合国负责减少灾害风险问题的助理秘书长兼秘书长特别代表。水鸟真美女士在国际事务和国际安全方面拥有超过 25 年的工作经验。自 2011 年起，她一直担任英国东安格利亚大学塞恩斯伯里日本艺术和文化研究所执行主任。加入该研究所之前，她曾在日本外务省任职 27 年，曾担任预算司司长、日本驻英国大使馆日本信息和文化中心主任、国家安全政策司司长、联合国政策司司长、驻日美军地位协定司司长和人事司副司长等职。此外，她还曾在伦敦、华盛顿特区和墨西哥城工作，并曾在立命馆亚洲太平洋大学教授东亚治理课程，在早稻田大学教授国际研究课

---

① United Nations Office for Disaster Risk Reduction, "Dr. Robert Glasser takes the helm at UNISDR," https：//www. undrr. org/news/dr－robert－glasser－takes－helm－unisdr.

程。2019 年 1 月，水鸟真美女士访问中国，中国应急管理部副部长尚勇会见水鸟真美一行，双方就进一步深化国际减灾合作等进行了友好交流。访华期间，水鸟真美女士还为北京师范大学的师生做了题为《减轻灾害风险的全球趋势》的报告。她高度赞扬了中国政府在减灾领域的突出成就，期待中方在落实联合国灾害防治、可持续发展和气候变化目标上继续发挥积极作用。

第三章

推进落实《2015－2030年仙台减少灾害风险框架》

　　2015年是联合国减灾行动的一个里程碑。2015年6月第69届联合国大会通过第69/283号决议，批准落实2015年3月14～18日在日本仙台举行的第三届联合国世界减灾大会通过的《2015－2030年仙台减少灾害风险框架》（简称《仙台减灾框架》）。《仙台减灾框架》确定了全球2030年之前的减灾路线图，是联合国首次提出具体项目和期限的全球性防灾减灾目标，被视为联合国所有成员未来15年减灾工作的指导性文件。[①]《仙台减灾框架》的预期成果聚焦人类及其健康和生计，力求大幅减少生命、生计和健康灾害风险及损失，大幅减少人员、企业、社区和国家在经济、实物、社会、文化和环境资产等方面的风险和损失。概括起来，《仙台减灾框架》主要有以下四个突出特点。一是强调减少灾害风险对实现可持续发展的重要性。要求统筹推进可持续发展与增长、粮食安全、卫生和人身安全、气候变化和气候多变性、环境管理和减少灾害风险等方面的治理。二是体现了更高远的雄心。《仙台减灾框架》在降低灾害死亡率、减少受灾人数和经济损失等多领域设定了比《兵库行动框架》更高的目标，也对各国的后续落实工作提出了更严格的要

---

① 参见史培军《仙台框架：未来15年世界减灾指导性文件》，《中国减灾》2015年第7期，第30～33页。

求。三是制定了更有效的后续落实框架。《仙台减灾框架》要求建立国别、区域和全球三个层面的落实框架，定期监督落实进程，并赋予了联合国更大的监督职能，以建章立制的方式全面强化后续工作。四是要求广泛的部门和机构采取一致的行动。《仙台减灾框架》承认国家在减少灾害风险方面负有主要责任，但强调减少灾害风险需要全社会的参与，责任应与包括地方政府、私营部门和其他利益攸关方共同分担。

联合国减少灾害风险办公室作为协调全球减灾事务的中心，在推进落实《仙台减灾框架》的进程中具有特殊重要的地位和作用。正如《仙台减灾框架》第 48 条（c）所述：联合国减少灾害风险办公室要支持执行、贯彻和审查《仙台减灾框架》；与各国密切合作并通过动员专家，为执行工作编制循证实践指南；通过支持专家和技术组织制定标准，开展识别灾害风险信息活动，以及由附属组织开展减少灾害风险教育和培训，巩固相关利益攸关方之间的预防文化；通过国家平台或相应机构等渠道，支持各国制定国家计划，并监测灾害风险、损失和影响方面的趋势和规律。概而言之，第三届联合国世界减灾大会之后，联合国减少灾害风险办公室的工作重点就是负责监督《仙台减灾框架》的执行情况，支持各国执行、监测和分享在减少现有风险和防止产生新风险方面的工作。

一　全球减灾新蓝图：《仙台减灾框架》

《仙台减灾框架》是《2005－2015 年兵库行动框架：加强国家和社区的抗灾能力》的继承工具，也是 2012 年 3 月开始的利益攸关方磋商和 2014 年 7 月至 2015 年 3 月举行的政府间谈判的结果。

2015 年 6 月 3 日第 69 届联合国大会第 92 次全体会议通过 69/283 号决议，批准了《2015－2030 年仙台减少灾害风险框架》。《仙台减灾框架》是 2015 年后发展议程的第一个主要协议。[①] 它由 6 个部分、50 条构成。具体介绍如下。

第一部分：序言（第 1～15 条）。主要包括《仙台减灾框架》的定位，即通过一个简明扼要、重点突出、具有前瞻性和面向行动的 2015 年后减少灾害风险框架；完成对《2005－2015 年兵库行动框架：加强国家和社区的抗灾能力》执行情况的评估和审查；审议通过区域和国家减少灾害风险战略及其建议以及执行《兵库行动框架》获得的经验；根据承诺确定执行 2015 年后减少灾害风险框架的合作方式；确定 2015 年后减少灾害风险框架执行情况的定期审查办法。《仙台减灾框架》适用于自然或人为灾患以及相关环境、技术和生物危害与风险造成的小规模和大规模、频发和偶发、突发和缓发灾害风险。《仙台减灾框架》的目的是指导各级部门以及在各部门内部和跨部门机构对发展中的灾害风险进行多灾种管理。

第二部分：预期成果与目标（第 16～18 条）。预期成果是力求在未来 15 年内大幅减少在生命、生计和卫生方面以及在人员、企业、社区和国家的经济、社会、文化和环境资产等方面的灾害风险和损失。总体目标是：采取综合和包容各方的经济、法律、社会、卫生、文化、教育、环境、技术、政治和体制措施，预防产生新的灾害风险和减少现有的灾害风险，防止和减少对灾患的暴露性和受灾的脆弱性，加强应急和复原准备，从而提高抗灾能力。7 个全球具体目标

---

① 2015 年是降低灾害风险、应对气候变化和可持续发展议程极为重要的一年，即国际社会通过和产生了《2015－2030 年仙台减少灾害风险框架》《2030 年可持续发展议程》和《巴黎协定》。

是：1. 到 2030 年，大幅降低全球灾害死亡率，力求使 2020～2030 年全球平均每 10 万人死亡率低于 2005～2015 年水平；2. 到 2030 年，大幅减少全球受灾人数，力求使 2020～2030 年全球平均每 10 万人受灾人数低于 2005～2015 年水平；3. 到 2030 年，使灾害直接经济损失与全球国内生产总值的比例下降；4. 到 2030 年，通过提高抗灾能力等办法，大幅减少灾害对重要基础设施以及基础服务包括卫生和教育设施的破坏；5. 到 2020 年，大幅增加已制定国家和地方减少灾害风险战略的国家数目；6. 到 2030 年，通过提供适当和可持续支持，补充发展中国家为执行本框架所采取的国家行动，大幅提高对发展中国家的国际合作水平；7. 到 2030 年，大幅增加人民获得和利用多灾种预警系统以及灾害风险信息和评估结果的概率。

第三部分：指导原则（第 19 条）。第 19 条有 13 项内容，其核心是强调国家和地区中央政府承担着主要责任，以及倡导全社会的参与和合作，也特别关注了增强地方政府和社区减轻灾害风险的权利和能力。与此同时，强调考虑多灾种、多尺度、多措施、多利益攸关方和多阶段原则，以及加强全球各类合作和关注最不发达国家、小岛屿发展国家、内陆发展中国家、非洲各国，以及面临特殊灾害风险（如巨灾风险）的中等收入国家。

第四部分：优先行动领域（第 20～34 条）。4 个优先行动领域包括：①理解灾害风险（灾害风险管理政策与实践应当建立在对灾害风险所有层面的全面理解基础之上，包括脆弱性、能力、人员与资产的暴露程度、灾患特点与环境。可以利用这些知识推动开展灾前风险评估、防灾减灾以及制定和执行适当的备灾和高效应灾措施）；②加强灾害风险治理，管理灾害风险（国家、区域和全球各级灾害风险治理对于切实有效地进行灾害风险管理非常重要。需要在部门内部和各部门之间制定明确的构想、计划、职权范围、指南和协调办法，还需要相关利益攸关方的参与。因此有必要加强灾害风险治理，促进防灾、减灾、备灾、应灾、复原和恢复，并促进各机制和机构之间的协作和加强伙伴关系，以推动执行与减少灾害风险和可持续发展有关的文书）；③投资于减少灾害风险能力建设，提高抗灾能力（公共和私营部门通过结构性和非结构性措施对预防和减少灾害风险进行投资，对于加强个人、社区、国家及其资产在经济、社会、卫生和文化方面的抗灾能力和环境改善必不可少。它们都可成为促进创新、增长和创造就业的驱动因素。这些措施具有成本效益，有助于挽救生命，防止和减少损失，并确保有效的复原和恢复）；④加强备灾以做出有效响应，并在复原、恢复和重建中让灾区"重建得更好"（灾害风险不断增加，包括人口和资产的暴露程度越来越高，这种情况结合以往灾害的经验教训表明，必须进一步加强备灾响应，事先采取行动，将减少灾害风险纳入应急准备，确保有能力在各级开展有效的应对和恢复工作。关键是要增强妇女和残疾人的权能，公开引导和推广性别平等和普遍可用的响应、复原、恢复和重建办法。灾害表明，复原、恢复和重建阶段是实现灾区"重建得更好"的重要契机，需要在灾前着手筹备，包括将减少灾害风险纳入各项发展措施，使国家和社区具备抗灾能力）。

　　第五部分：利益攸关方角色（第35～37条）。其中，第35条进一步明确了国家负有减少灾害风险的总体责任，明确了政府与各利益攸关方的共同责任。第36条，特别明确了民间社会、志愿者及其组织、以及社区组织所应承担的责任，特别需关注妇女、儿童和青少年、残疾人及其组织、老年人、原住民、移民等人群，以及与学术相关的机构和组织、企业、专业协会和私营部门的金融机构、媒体等应发挥协同作用。

第37条，明确了相关利益攸关方在减轻灾害风险领域中的各项承诺，以支持建立地方、国家、区域和全球各级伙伴关系。

第六部分：国际合作与全球伙伴关系（第38～50条）。第38～46条，明确了减轻灾害风险国际合作应考虑的一般性因素，诸如国家发展水平的差异，特别是灾害频发的发展中国家，即包括最不发达的国家、小岛屿发展中国家和内陆发展中国家，以及非洲国家和面临特殊挑战（如巨灾）的中等收入国家等应予以特别关注和援助。同时强调对已形成的一些相关领域国际合作的协同实施，如南北合作辅之南南合作和三角合作等。第47条，明确国际合作的具体实施方法，强调发展中国家需要更多的资源用于减轻灾害风险，利用现有的机制、平台将减轻灾害风险中的信息共享、技术转移等纳入多边与双边发展援助方案。第48条，明确了国际组织的支持领域和主要内容，强调战略协调、加大支持力度、充分发挥已有平台的作用，开展《联合国减少灾害风险提高抗灾能力行动计划》修订工作，以及发挥联合国减少灾害办公室科技咨询组的作用，号召金融组织为发展中国家提供财政支持和贷款，提升联合国系统协助发展中国家减少灾害风险的整体能力。第49～50条，明确了后续行动，重点考虑将《仙台减灾框架》纳入联合国各次大型会议和首脑会议统筹协调后续进程的一部分，并建议联合国大会在第69届会议中设立一个由会员国提名专家组成的不限名额的政府间工作组，为计量《仙台减灾框架》全球执行进展制定一套可用指标，以推进该框架的实施。①

---

① 摘引自史培军《仙台框架：未来15年世界减灾指导性文件》，《中国减灾》2015年第7期，第30～33页。

二 《仙台减灾框架》监测工具的开发与应用

为更好地落实《仙台减灾框架》提出的 7 项全球目标，联合国减少灾害风险办公室多次举办不限成员名额政府间专家工作组（OIEWG）以及相关技术伙伴工作会议，深入探讨各国在实现全球减灾目标过程中所面临的相同难题，研究编制《仙台减灾框架》实用指南以及国际社会对减灾指标和所需数据的标准。

1. 开发《仙台减灾框架》监测工具

联合国减少灾害风险办公室于 2017 年 12 月发布了《监测和报告实现〈仙台减灾框架〉全球目标进展情况的技术指导——关于数据和方法的技术说明集》（Technical guidance for monitoring and reporting on progress in achieving the global targets of the Sendai Framework for Disaster Risk Reduction：Collection of Technical Notes on Data and Methodology），简称《说明集》，旨在支持成员国运用全球指标，以计量在实现《仙台减灾框架》全球目标和可持续发展目标相关具体目标方面的进展情况。2017 年 2 月 2 日，联合国大会在通过 A/RES/71/276 决议时，批准了《减少灾害风险指标和术语问题不限成员名额政府间专家工作组（OIEWG）的报告》（A/71/644），以及报告中有关减少灾害风险相关指标和术语的建议。在 OIEWG 的报告中，各成员国请联合国减少灾害风险办公室开展技术工作并提供技术指导，以期：①在国家政府协调中心、国家减少灾害风险办公室、国家统计局、经济和社会事务部以及其他相关伙伴的参与下，就灾害数据、统计数字和分析制定最低标准和元数据；②与相关技术伙伴一同制定各种方法来计量指标并处理统计数据。为此，2017 年期间，联合国减少灾害风险办公室与各成员国和相关技术伙伴组织了多场技术工作会议，其中包括 2017 年 5 月在墨西哥减少灾害风险全球平台期间举行的多场活动。本《说明集》是为响应各成员国的要求而制定的第一版《技术指导》，它对监测《仙台减灾框架》7 项全球具体目标设定了 38 项评估指标（见表 3 – 1）；提供了各成员国、相关技术伙伴和联合国减少灾害风险办公室在适用定义、术语、可能的计算方法、数据标准和关键问题方面的技术建议和考量；介绍了国际社会对指标和所需数据的最低标准；尽可能为自愿使用的各个国家提供标准方法，连贯一致地衡量国家之间在执行《仙台减灾框架》全球具体目标和可持续发展目标过程中的进展情况。

表 3 – 1　《仙台减灾框架》7 项全球具体目标与 38 项评估指标

目标 A：到 2030 年，大幅降低全球灾害死亡率，力求使 2020 ~ 2030 年全球平均每 10 万人死亡率低于 2005 ~ 2015 年水平	
A1	每 10 万人因灾害导致的死亡和失踪人数（此指标应基于指标 A2、A3 和人口数字计算）
A2	每 10 万人中因灾害导致的死亡人数
A3	每 10 万人中因灾害导致的失踪人数
目标 B：到 2030 年，大幅减少全球受灾人数，力求使 2020 ~ 2030 年全球平均每 10 万人受灾人数低于 2005 ~ 2015 年水平	
B1	每 10 万人直接受灾害影响的人数（此指标应根据指标 B2 至 B5 和人口数字计算）
B2	每 10 万人中因灾害而受伤或患病的人数
B3	每 10 万人中因灾害而受损的人数。
B4	每 10 万人中因灾害而住房被毁的人数。
B5	每 10 万人中因灾害而生计中断或丧失的人数。

续表

目标 C:到 2030 年,使灾害直接经济损失与全球国内生产总值(GDP)的比例下降

C1	灾害直接经济损失与全球国内生产总值的比例(此指标应基于指标 C2 至 C6 和 GDP 数字计算)
C2	灾害造成的直接农业损失(农业包括作物、牲畜、渔业、养蜂业、水产养殖和森林部门以及相关的设施和基础设施)
C3	所有其他生产性资产因灾害而受损或被毁造成的直接经济损失。生产性资产将根据国际标准分类,按经济部门(包括服务业)分列。各国将报告与其经济相关的各经济部门的情况。这一点将在元数据中加以说明
C4	灾害造成的住房部门直接经济损失(按照住所受损和被毁两种情况分列数据)
C5	重要的基础设施因灾害而受损或被毁造成的直接经济损失(重要基础设施的哪些构成部分纳入计算由各成员国决定,并在相应元数据中加以说明。应酌情包括保护性基础设施和绿色基础设施)
C6	文化遗产因灾害而受损或被毁造成的直接经济损失

目标 D:到 2030 年,通过提高抗灾能力等办法,大幅减少灾害对重要基础设施以及基础服务包括卫生和教育设施的破坏

D1	灾害对重要基础设施的损坏
D2	因灾害而被毁或受损的保健设施数量
D3	因灾害而被毁或受损的教育设施数量
D4	因灾害而被毁或受损的重要基础设施单位和设施数量(把重要基础设施的哪些构成部分纳入计算由各成员国决定,并在相应元数据中加以说明。应酌情包括保护性基础设施和绿色基础设施)
D5	灾害造成的基本服务中断次数(此指标应基于指标 D6 至 D8 计算)
D6	灾害造成的教育服务中断次数
D7	灾害造成的保健服务中断次数
D8	灾害造成的其他基本服务中断次数

目标 E:到 2020 年,大幅增加已制定国家和地方减少灾害风险战略的国家数目

E1	按照《2015－2030 年仙台减少灾害风险框架》通过并实施国家减少灾害风险战略的国家政府数
E2	按照国家战略通过并实施地方减少灾害风险战略的地方政府所占比例(应提供资料,说明国家以下承担减少灾害风险职责的相应政府级别)

续表

目标 F:到 2030 年,通过提供适当和可持续支持,补充发展中国家为执行本框架所采取的国家行动,大幅提高对发展中国家的国际合作水平

F1	用于国家减少灾害风险行动的国际官方援助总额(官方发展援助)加上其他资金流(应按照各自国家适用的模式来报告减少灾害风险国际合作的提供或接受情况。鼓励受援国提供资料,说明国家减少灾害风险支出的估计数)
F2	多边机构为国家减少灾害风险提供的国际官方援助总额(官方发展援助加上其他资金流)
F3	为国家减少灾害风险行动提供的双边性国际官方援助总额(官方发展援助加上其他资金流)
F4	为促进国家减少灾害风险相关技术的转让和交流提供的国际官方援助总额(官方发展援助加上其他资金流)
F5	为促进发展中国家减少灾害风险领域科学、技术和创新转让与交流的国际、区域和双边方案和举措的数目
F6	为减少灾害风险能力建设提供的国际官方援助总额(官方发展援助加上其他资金流)
F7	促进发展中国家减少灾害风险能力建设的国际、区域和双边方案与举措的数目
F8	在国际、区域和双边举措支持下加强减少灾害风险和相关统计能力的发展中国家数目

目标 G:到 2030 年,大幅增加人民可获得和利用多灾种预警系统以及灾害风险信息和评估结果的概率

G1	拥有多灾种预警系统的国家数目
G2	拥有多灾种监测和预警系统的国家数目
G3	每 100000 人中能够通过地方政府或国家传播机制获得预警信息的人数
G4	已制定早期预警采取行动的计划的地方政府所占比例
G5	在国家一级和地方一级向人们提供容易获得和理解、有用且相关的灾害风险信息和评估结果的国家数目。
G6	遭受或面临灾害风险人口中通过早期预警预先疏散而得到保护的人口比例(鼓励有能力提供疏散人数资料的成员国提供此种资料)

资料来源:United Nations Office for Disaster Risk Reduction, "The UN Global Assessment Report on Disaster Risk Reduction(GAR)2019," https://gar.undrr.org/chapters/chapter–7–risk–reduction–accross–2030–agenda#7.1。

2. 编制实施《仙台减灾框架》指南

为了助力各国实现"到 2020 年大幅增加已制定国家和地方减少灾害风险战略的国家数目"的《仙台减灾框架》（E）目标，联合国减少灾害风险办公室于 2019 年编制出版了《言行一致：地方减少灾害风险战略与恢复力策略实施指南》（Words into Action Guideline：Implementation Guide for Local Disaster Risk Reduction and Resilience Strategies）。该指南就制定和实施一项全面和综合的地方性减少灾害风险战略向地方政府（城市）提供建议，该战略有助于提高城市抗灾减灾能力。该指南概述了地方减少灾害风险和恢复力策略，以及制定和实施策略所需的资源。此外还通过大量的案例研究和最佳做法向地方领导者、规划者和管理人员提供了指导性、战略性的建议。此后，作为对《言行一致：地方减少灾害风险战略与恢复力策略实施指南》的补充，联合国减少灾害风险办公室于 2019 年又发布了《言行一致：制定国家减少灾害风险战略指南》（Words into Action Guidelines：Developing National Disaster Risk Reduction Strategies）。该指南旨在支持各国制定符合仙台框架的国家减少灾害风险战略，它们共同构成了实现目标（E）的基础。国家和地方减少灾害风险战略对于实施和监测一个国家的减少风险优先事项至关重要，具体做法是确定实施的目标、确定政府和非政府行动者的关键作用和责任以及确定技术和财政资源。为了执行他们要实现的优先事项，他们需要得到一个良好协调的体制结构、立法授权以及社会各级人力和财力的支持。还有，为了推动城市抗灾运动（MCR）的高质量发展，继续提高城市抗灾能力建设，联合国减少灾害风险办公室在 2020 年 2 月举行的第十届世界城市论坛（WUF10）上发布了《言行一致：土地利用和城市规划实施指南》。

联合国减少灾害风险办公室能力建设负责人桑贾亚·巴蒂亚（Sanjaya Bhatia）指出："土地使用和城市规划的失败会严重削弱一个城市应对极端天气事件；地震；技术、生物和环境危害的能力。"他还以中国、新西兰和英国为例，详细说明了土地使用和城市规划如何在减少洪水和地震灾害的损失方面发挥作用。该指南旨在为城市规划专业人员和领导城市发展的决策者提供指导，帮助他们如何将减灾和抗灾能力纳入城市规划决策和投资中，包括政策制定、计划制定、法规制定、公共服务提供、基础设施建设、社区动员、教学，以及培训和能力建设。该指南为不同的参与者提供最新的参考资料，由五章构成。第一章介绍了 2015 年后发展议程的主要内容，特别是《仙台减灾框架》；第二章探讨了减少灾害风险、韧性和城市规划的相关概念以及它们之间的关系；第三章解释了如何将减少灾害风险整合到城市规划系统的各个部分，并贯穿整个规划周期；第四章讨论了融资难的问题；第五章提出了一些结论和注意事项。该指南为了使用上的方便，将首次出现的关键术语的定义标注在方框中，并在结尾处进行了概述。另外，指南中附有一些案例研究，可能对参与城市规划和决策者具有参考价值和借鉴意义。每个部分都附有供读者进一步探讨的参考文献，在指南的末尾提供了完整的参考文献清单。

3. 开通在线"仙台减灾框架监测器"

2018 年 3 月 1 日，联合国减少灾害风险办公室正式使用在线"仙台减灾框架监测器"（Sendai Framework Monitor，简称 SFM）。SFM 是通过监测系统跟踪《仙台减灾框架》的 7 个全球具体目标及各项指标进展情况的管理工具。它还是一个双重报告系统，不仅包括《仙台减灾框架》的 7 个全球目标，还包括《2030 年可持续发展议程》中 3 个主要可持续发展目标，即目标 1：在全世界消除一切形式的贫穷；目标 11：建设包容、安全、有抵御灾害能力和可持续性的城市和人类居住区；目标 13：采取紧急行动应对气候变化及其影响。目前，SFM 有一个主要的全球模块，允许各国报告实现联合国成员国商定的 5 个目标的数据，这些数据是：目标 A. 降低灾害死亡率；目标 B. 减少受灾人数；目标 C. 减少经济损失；目标 D. 减少对关键基础设施的损害；目标 E. 增加具有国家和地方灾害风险战略的国家数量。这个全球工具另外两个模块将很快完成，并扩大到涵盖仙台框架 7 个目标，包括目标 F. 加强国际合作和目标 G. 增加多重危险预警系统可用性。联合国减少灾害风险办公室借助对各国评估指标数据的收集，一方面可以监测和衡量国家之间在实现《仙台减灾框架》全球指标和可持续发展目标过程中的进展情况，另一方面将指导各国在 2020 年之前制定国家和地方的减少灾害风险战略，并为公共和私营部门进行风险投资决策提供数据，以便在更广泛背景下进行风险知情的投资决策，实现可持续发展目标。

三　实现《仙台减灾框架》目标任重道远

1. 《仙台减灾框架》实施进展情况

联合国减少灾害风险办公室《2019 年度报告》强调了成员国在实施《2015－2030 年仙台减少灾害风险框架》方面取得的重大进展。截至 2019 年底，通过落实《仙台减灾框架》，已有 81 个成员国报告已制定国家减少灾害风险战略；有 130 个成员国使用仙台减灾框架监测器报告《仙台减灾框架》实施情况；共有 4311 个城市参与"让城市更具韧性"运动（该运动旨在促进当地对灾害风险的理解和准备）；有来自 36 个国家的 237 个地方政府完成灾难恢复记分卡①自我评估；有 4087 名政府官员接受了使用仙台减灾框架监测器的培训。② 此外，为了加快《仙台减灾框架》的实施，联合国减少灾害风险办公室制定了一套切实可行评估方法，以支持对各个国家减灾战略进行独立评估。对国家减灾战略进行评估的目的是在满足弱势群体需求的同时，提高效率和相关性，以增强全球、区域、国家各级对减灾议程的信心和主人翁责任感。例如，2020 年 2 月，联合国减少灾害风险办公室牵头组织由来自欧洲的科学和技术咨询小组、金融机构、地方政府、议会、私营部门、民间组织、联合国机构、仙台减灾框架国家协调中心的代表和专家，以及其他在减少灾害风险领域有经验的同行组成的独立评估小组，首次对白俄罗斯和摩尔多瓦开展评估。该评估旨在确保其制定的国家减灾战略的结构、实质内容具有包容性和稳健性，并符合《仙台减灾框架》中提出的建议。评估小组分析了白俄罗斯和摩尔多瓦的减灾战略，并就如何更好地确保减少现有灾害风险和避免出现新风险方面提供了建议。这些建议包括：整合国家和地方风险评估结果的建议；明确参与风险管理的所有利益攸关方的角色和职责；将减灾纳入基础设施、卫生、能源、教育、运输和农业等相关部门的规划中；与可持续发展目标和其他全球议程建立一致性。摩尔多瓦紧急情况总监察局负责人斯维特拉娜·德罗博特（Svetlana Drobot）女士表示，"这是一个非常受欢迎的审查进程，有助于确保我们的国家减灾战

---

① 该记分卡提供一系列评估，涵盖地方层面灾害恢复的政策和规划，涉及工程、组织、财政、社会和环境等方面。

② United Nations Office for Disaster Risk Reduction, *Annual Report 2019*, p.14.

略尽可能具有有效性、包容性和可持续性。"① 据悉，联合国减少灾害风险办公室还计划在保加利亚、斯洛文尼亚、波兰、塔吉克斯坦和乌兹别克斯坦开展同样的评估活动。

2020年3月18日，联合国减少灾害风险办公室发布《监测〈2015－2030年仙台减少灾害风险框架〉的实施情况：2018年报告概要》。报告称，2018年，在总人口达40亿的82个国家（包括16个最不发达国家和17个内陆发展中国家）中，人为或自然灾害共造成2.2万人死亡，1900人失踪。同年，在总人口达37亿的72个国家中，有74.1万人患病或受伤，其中80%以上生活在非洲。约780万人（亚洲及太平洋地区占69%）的房屋遭到破坏，近2500万人（亚洲及太平洋地区占74%）的生计受到影响。此外，据对2018年有直接经济损失的国家的抽样调查显示，在175亿美元的直接经济损失中，农业损失为130亿美元。这些国家包括28个最不发达国家、内陆发展中国家和小岛屿发展中国家。其中，它们的农业损失最严重，其次是关键基础设施和房屋。尽管这些损失在绝对经济价值方面与欧洲不相称，但其在国内生产总值中所占的比例较大，破坏了实现包括消除贫困在内的可持续发展目标的努力。报告指出，截至2018年，已有104个国家开始报告《仙台减灾框架》七个目标中的至少一项。对此，水鸟真美表示："距离全面评估灾害损失以指导应对灾害和气候风险的投资和行动还有很长的路要走，但这是一个很好的开端。新冠肺炎疫情强调了报告灾害损失的

① United Nations Office for Disaster Risk Reduction - Regional Office for Europe，"UNDRR to Assess DRR Strategies to Support Implementation of The Sendai Framework and SDG's，" 5 February 2020，https：//www. undrr. org/news/undrr – assess – drr – strategies – support – implementation – sendai – framework – and – sdgs.

重要性，因为收集的数据有助于改进对未来事件的响应和准备。"
"随着我们开始采取十年行动以实现可持续发展目标并大幅度减少
灾害损失，这些数字为报告国设定了一个基准。这意味着减少灾害
对消除贫困和饥饿、为所有人提供教育和保健有积极的影响，同时
减少因灾害而被迫流离失所的人数。"①

2. 《仙台减灾框架》目标（E）执行情况

如前所述，《仙台减灾框架》目标（E）是指"到 2020 年，大
幅增加已制定国家和地方减少灾害风险战略的国家数目"。随着
2020 年底最后期限的来临，目标（E）执行得怎么样？有没有达到
预期的效果？为此，联合国减少灾害风险办公室于 2020 年 11 月发
布《目标（E）实施情况报告》。报告显示，在通过《仙台减灾框
架》的最初几年，国家和地方一级落实目标（E）进展缓慢，但自
2017 年以来，各国政府逐步加大执行力度，在 2015 年到 2020 年 8
月期间，制定了国家和地方减灾战略的国家数量增加 100%，达到
96 个；制定了国家减灾战略的国家数量增加 111%，达到 93 个；
制定了地方减灾战略的国家数量增加 85%，达到 72 个。此外，与
2015 年相比，各国的减灾战略与《仙台减灾框架》全面对接的国
家数量增加了两倍多，从 13 个增加到 44 个；各国的减灾战略融入
可持续发展以及气候变化等核心目标的国家数增加了 157% 以上，
达到 85 个。②

---

① United Nations Office for Disaster Risk Reduction, "Sendai Framework Disaster Loss Data Released to Mark 5th Anniversary," 18 March 2020, https：//www. undrr. org/news/sendai – framework – disaster – loss – data – released – mark – 5th – anniversary.

② United Nations Office for Disaster Risk Reduction, "Status Report Target E Implementation 2020," p. 5, https：//www. undrr. org/publication/status – report – target – e – implementation – 2020.

3.《仙台减灾框架》面临挑战

在总结成绩的同时，各国还应看到面临的挑战。如2019年5月召开的第六届全球减少灾害风险平台大会指出，目前执行《仙台减灾框架》目标计划的进度还不够快，计划2020年实现的目标（E）可能会推迟，连带影响其他目标的如期实现，进而危及2030年可持续发展目标的实现。大会呼吁联合国全球平台能够更多地开发一些指导工具和方法，并呼吁各国政府和利益攸关方做出承诺，增强领导力，在能力建设、卫生健康和移民安置等领域推进《仙台减灾框架》目标的实现。[①] 2020年10月12日，联合国秘书长减灾事务特别代表水鸟真美在第75届联合国大会上介绍《仙台减灾框架》执行情况时指出："虽然在实现减少灾害死亡率和受灾害影响的人的目标方面取得了进展，但受新冠肺炎疫情的影响，减少灾害造成的经济损失和减轻灾害对关键基础设施的破坏的目标仍然远未实现"，"虽然许多国家已根据目标（E）制定了减灾战略，但相当多的国家没有在2020年年底实现这一目标。同样，减少灾害风险所需国际合作的水平尚未实现，太多的国家还无法获得多灾种监测和预警系统。"[②]

综上所述，世界防灾减灾工作虽已取得重大进展，但形势依旧严峻，与预期战略目标依然存在差距，特别是近年来，全球极端气候和重大自然灾害越来越频繁，给人类生存和发展带来现实的、严

① 顾林生等：《第六届全球减灾平台大会：内容、成果与启示》，《中国减灾》2019年第13期，第22页。

② United Nations Office for Disaster Risk Reduction, "Introduction of the Secretary-General's Report on the Implementation of the Sendai Framework for Disaster Risk Reduction 2015－2030," 12 October 2020, https：//www.undrr.org/news/introduction－secretary－generals－report－implementation－sendai－framework－disaster－risk－reduction.

峻的、长远的挑战。新冠肺炎疫情持续蔓延，使各国经济社会发展雪上加霜。面对全球灾害治理前所未有的困难，国际社会要以前所未有的雄心和行动，按照《仙台减灾框架》既定的目标，同舟共济、守望相助，加强综合灾害风险研究，提高应对灾害风险能力，共同构建人与自然生命共同体。

第四章

联合国减少灾害风险办公室的
会议和论坛

目前，全球减少灾害风险国际合作平台主要分为全球性平台和区域性平台，前者主要有联合国世界减少灾害风险大会、全球减少灾害风险平台大会等，后者主要有亚洲减少灾害风险部长级会议、非洲－阿拉伯减少灾害风险平台、美洲－加勒比区域减少灾害风险平台和欧洲减少灾害风险论坛等。本章重点介绍全球性平台。

一 联合国世界减少灾害风险大会

1. 第一届联合国世界减少自然灾害大会（World Conference on Natural Disaster Reduction）

第一届联合国世界减少自然灾害大会于1994年5月23～27日在日本横滨举行，出席会议的有来自140多个国家和地区的官方代表团、国际性组织机构、非政府组织、科学界、工商业界及传媒机构代表等2000余人。本次会议是世界上第一次以减灾为主题的世界性会议，时任中国国际减灾十年委员会副主任、民政部副部长范宝俊率领中国代表团参加了会议，日本当选为大会主席，中国、哥伦比亚等25个国家当选为副主席。① 这次会议的目的是

---

① 李素菊：《世界减灾大会：从横滨到仙台》，《中国减灾》2015年第7期，第34页。

对"国际减轻自然灾害十年"进行中期审评，总结交流经验，制定今后的战略和行动计划。会议经过各方共同努力协商，通过了未来的行动纲领文件《为了一个更安全的世界：横滨战略和行动计划》和"横滨声明"。《横滨战略和行动计划》由原则、战略和行动计划三部分组成，以加强国家一级防灾能力为核心，其主要内容包括：防灾、备灾应被列为国家、区域、双边、多边和国际各级制订发展政策和规划的主要内容；发展和提高防灾或减少灾害的能力是"国际减轻自然灾害十年"活动的最优先领域，以便为"国际减轻自然灾害十年"后续行动奠定坚实的基础；每个国家在保护其公民免受自然灾害方面有无可推卸的责任；应优先注意发展中国家，特别是最不发达国家、内陆国家和小岛屿发展中国家；要根据不同情况发展和加强各国预防自然灾害的能力，包括减灾和备灾方面的法制建设；动员非政府组织和当地社区的参与；促进和加强次区域、区域与全球在防灾减灾以及其他方面的合作等。在两个文件中也出现了一些新的提法，例如：把减灾概念扩大，提出减灾与环保相结合；提倡减灾与扶贫相结合，以增强困难群体抵御自然灾害的能力；突出强调国际减灾援助，要重点向最不发达国家、内陆发展中国家和小岛屿发展中国家倾斜；更加强调开展区域的减灾合作。总之，《横滨战略和行动计划》的通过标志着审议世界减灾议题的政治和分析环境开始发生重大转变。虽然当时的"减灾十年"活动在很大程度上受限于科学技术方法的影响，但《横滨战略和行动计划》在灾害风险分析中非常重视社会经济脆弱性，强调人类行动在减少社会易受自然灾害和灾害影响方面所发挥的关键作用，尤其是"强调各国需要在风险评估的基础上，将防灾减灾纳入社会经济发展规划，直到现在，

这被视为深入推动综合减灾工作的基石。"①

2. 第二届联合国世界减少灾害大会（World Conference on Disaster Reduction）

第二届联合国世界减少灾害大会于 2005 年 1 月 18～22 日在日本兵库县神户市举行，来自 168 个国家和国际组织及 161 个非政府组织、媒体等共计 4000 多人参加了会议。时任民政部部长李学举率领中国代表团参加了此次会议。本次会议的名称与上届有所不同，首次将"自然"两字去掉，明确了灾害不是一个自然现象，而是由自然现象和人类社会相互作用所构成的。本次会议重点回顾和审议了《横滨战略和行动计划》的进展情况，总结了国际社会在减灾方面积累的经验、存在的差距和挑战，并在此基础上通过了《兵库宣言》和《2005 - 2015 年兵库行动框架：加强国家和社区的抗灾能力》。其中，《兵库宣言》表明了政府在减灾方面的政治承诺和决心，《兵库行动框架》确定了 2005～2015 年的 3 项战略目标和 5 个行动重点。3 项战略目标是：①更有效地将灾害风险因素纳入各级的可持续发展政策、规划和方案，同时特别强调防灾、减灾、备灾和降低脆弱性；②在各级政府特别是在社区一级发展和加强各种体制、机制和能力，以便系统地推动加强针对危害的抗灾能力；③系统地将减少风险办法纳入受灾害影响的社区的应急准备、应对和恢复方案的设计和落实活动。5 个行动重点为：①确保减少灾害风险成为国家和地方的优先事项并在落实方面具备牢固的体制基础；第一个优先领域强调政府和政策的功能，其中主要包括国家体制、

---

① 阚凤敏：《联合国引领国际减灾三十年：从灾害管理到灾害风险管理（1990 - 2019 年）》，《中国减灾》2020 年第 5 期，第 56 页。

政策、立法、资源及社区参与；②确定、评估和监测灾害风险并加强预警；③利用知识、创新和教育在各层面培养安全抗灾意识；④减少所涉风险因素；⑤在各级为有效反应加强备灾。应该说，《兵库行动框架》为今后十年减少灾害风险提供了重要的综合性指导框架。有关资料显示，自 2005 年以来，因灾害造成的人口伤亡在大多数国家均呈下降趋势，公众和机构的减灾意识明显提高。

3. 第三届联合国世界减少灾害风险大会（World Conference on Disaster Risk Reduction，WCDRR）

第三届联合国世界减少灾害风险大会于 2015 年 3 月 14～18 日在日本仙台举行，会议的标题与上届相比新增加了"风险"二字，表明其核心议题是减少灾害风险，管控灾害风险。有来自 187 个国家的政府代表团及政府间机构与非政府组织的 6500 多名代表参加了此次会议，其中包括 25 个国家的元首或政府首脑和 100 多名部长。大会审议通过了《2015－2030 年仙台减少灾害风险框架》。《仙台减灾框架》提出未来 15 年内取得的预期成果是：大幅减少在生命、生计和卫生方面以及在人员、企业、社区和国家的经济、实物、社会、文化和环境资产方面的灾害风险和损失。要实现的预期总目标是：防止产生新的灾害风险和减少现有的灾害风险，为此要采取综合和包容各方的经济、结构性、法律、社会、卫生、文化、环境、技术、政治和体制措施，防止和减少危害暴露程度和受灾脆弱性，加强救灾和恢复的待命准备，从而提高复原力。

从第一届世界减灾大会到第三届世界减灾大会，前后共经历 21 年，在三届世界减灾大会的引领下，不仅世界灾害死亡率和灾害损失大幅降低，减灾意识、抗灾能力、危机管理水平明显提高，而且防灾减灾观念也已由关注自然灾害的防灾救灾，向涉及自然、人为、科技等各类灾害的防灾备灾、恢复和重建的全过程灾害风险管理转变。

二　全球减少灾害风险平台大会

全球减少灾害风险平台大会（Global Platform for Disaster Risk Reduction）是联合国减少灾害风险办公室每两年举办一次的多边利益攸关方论坛。2006 年 12 月 20 日，第 61 届联合国大会通过第 198 号决议，决定建立一个减少灾害风险全球平台，其作为机构间减少灾害工作队（Inter-Agency Task Force on Disaster Reduction，IATF/ DR）① 的后续机制，旨在供会员国和其他利益攸关方评估《兵库行动框架》的执行进展情况，实现减灾知识共享，加强伙伴关系建设，推进各方沟通协调，促进减灾战略起草，推动国家和地方的减灾措施实施。截至 2019 年底，全球减少灾害风险平台大会已经举办了六届，除 2015 年因召开联合国世界减灾大会而没有举办之外，先后于 2007 年、2009 年、2011 年、2013 年、2017 年、2019 年在瑞士日内瓦和墨西哥坎昆成功举行。全球减少灾害风险平台大会是联合国世界减少灾害风险大会十年期间最为重要的全球性减灾会议，如表 4 - 1 所示，尽管每届大会主题各有侧重，但基本围绕以下议题展开：一是审核监测并推进世界减灾大会决议成果（包括

---

① 机构间减灾工作队由 25 个联合国组织、国际组织、区域组织以及民间社会组织组成，是拟定减灾政策的主要机构。在建立全球减少灾害风险平台之前，其由国际减灾战略（UNISDR）牵头，定期在 2000~2005 年间举行会议。工作队的目的是作为联合国内的主要论坛，讨论减灾问题，特别是确定这一领域各级国际合作的战略。

表4-1 历届全球减灾风险平台大会一览表

大会名称	时间/地点	大会主题	大会议题	共识成果
第一届 GP2007	2007年6月5~7日瑞士日内瓦	为了共同目标的行动	1. 提高减少灾害风险意识 2. 分享国家和地方关于减少灾害风险的先进经验和良好做法 3. 评估《兵库行动框架》的实施进展，并指导国际减灾战略执行	发布主席总结报告 1. 各国需要迅速建立监测和报告其风险状况以及《兵库行动框架》实施进展的系统 2. 发展全球减灾战略体系，增强全球灾减灾领域的权利和平台作用
第二届 GP2009	2009年6月16~19日瑞士日内瓦	打造全方位联系，创建更安全的明天	1. 增加对减少灾害风险的投资 2. 减少气候变化行动中的灾害风险 3. 通过防灾行动构建社区主导的抗灾力 4. 更安全的学校和医院 5. 重建得更好：减少灾害风险和灾后重建	发布主席总结报告预期成果 1. 增加对减少灾害风险的投资 2. 减少气候变化的灾害风险 3. 加强社区衡灾和生计保护 4. 《兵库行动框架》中期评估
第三届 GP2011	2011年5月8~13日瑞士日内瓦	投资今天，为了更安全的明天——增加对地方方行动的投入	1. 投资今天，为了更安全的明天——增加对地方行动的投入 2. 灾难经济学——有效降低灾害风险的金融工具 3. 气候变化适应和抗灾减灾联盟 4. 世界重建会议高级别政策小组：应对自然灾害——长期被忽视的发展挑战	发布主席总结报告 1. 减少灾害风险的投资不但具有紧迫性，也具有明显的政治和经济重要性 2. 在各种投资开发活动中，通过风险评估、预算规划及项目评估机制等，在减少灾害风险方面增加专项预算；制定激励措施鼓励抗灾减灾；借助保险等应急机制，保护公共财政 3. 世界灾后重建会议发现，本次会议发现，基于以往的经验教训，计划周详，充分协调的重建恢复能够以更低的成本取得更好的成果，并能支持可持续发展，提升抗灾能力

续表

大会名称	时间/地点	大会主题	大会议题	共识成果
第四届 GP2013	2013年 5月19~23日 瑞士日内瓦	有复原力的人,有复原力的地球	1. 私营部门构建社会抗灾力的成功秘诀 2. 社区抗灾力——国家抗灾力的基础 3. 政府与减灾:持续参与 4. 讨论2015年后减灾框架《仙台减灾框架》	发布主席总结报告和高端对话公报 1. 锁定风险根源 2. 联系相辅相成的各议题,环境保护和气候变化以及人口流动等与可持续发展,灾害风险的累积和减少都领域紧密联系 3. 坚持包容、参与、赋权原则参与减少灾害风险已被确认为确保持续影响复原力打造的一种途径,提倡妇女儿童老人等特殊人群的社区参与;同时尊重保护当地方文化遗产,强调地方多方利益收关方的联合行动参与
第五届 GP2017	2017年 5月22~26日 墨西哥坎昆	从承诺到行动	1. 将减灾风险融入全面经济计划当中 2. 国家和地方减灾战略 3. 可持续发展的灾害风险知情路径和特定情境的国家抗灾力 4. 监测《仙台减灾框架》 5. 《仙台减灾框架》和《2030年可持续发展议程》和《巴黎气候变化协定》的协调一致性	发布主席总结报告,保障基础设施和住房抗灾力的坎昆高级别联合公报 1. 确定《仙台减灾框架》四项优先事项,推动《仙台减灾框架》实施 2. 减少灾害风险与可持续发展和气候变化保持一致性 3. 具有性别敏感性和包容性和脆弱群体的包容性参与,加强女性领导力 4. 加强国际合作倡议,国际合作是《仙台减灾框架》实施的核心所在

续表

大会名称	时间/地点	大会主题	大会议题	共识成果
第六届 GP2019	2019 年 5 月 13～17 日 瑞士日内瓦	抗灾力红利：迈向具有可持续性和包容性的社会	1.《仙台减灾框架》实施情况与评估 2. 国家和地方减少灾害风险战略（侧重目标 E） 3. 释放韧性的多重红利 4. 创新减少灾害风险投资模式 5. 包容性减少灾害风险管理——投资于社区和地方参与者	以《主席联合声明》等形式进行了总结 1. 要求各国采取综合措施努力减少灾害风险，减缓和应对气候变化并积极促进可持续发展。 2. 发布《基层和地方政府减灾宣言》，明确城市和基层政府进一步落实《仙台减灾框架》的行动方向、任务和使命。 3. 发布 2019 年减少灾害风险全球评估报告 4. 再次认识到韧性（抗灾力）在经济、社会和环境上的价值，分享了各国、各地区和当地社区正在采取的预防和恢复的实际行动。

资料来源：参见顾林生、崔西孟《往届全球减灾平台大会概览》，《中国减灾》2019 年第 13 期，第 33 页。

《兵库行动框架》和《仙台减灾框架》等）的执行进展；二是国家和地方减灾行动经验分享互鉴；三是增加对减少灾害风险的投融资；四是减灾与气候变化和可持续发展间的关联和连贯性；五是减少灾害风险，增强国家和社区抗灾力。例如，由联合国减少灾害风险办公室主办、瑞士政府承办的第六届全球减少灾害风险平台大会于 2019 年 5 月 13～17 日在日内瓦举行，来自全球 182 个国家的代表出席了这届盛会。由中国应急管理部、国家发展改革委、住房和城乡建设部、中国气象局以及北京师范大学等单位组成的中国代表团参加了会议。[①] 本次大会的主题为"抗灾力红利：迈向具有可持续性和包容性的社会"，重点讨论如何减少灾害影响，如何落实《2015－2030 年仙台减少灾害风险框架》以及创新减少灾害风险投资模式等议题，为 2019 年 7 月在纽约召开的可持续发展高级别政治论坛以及 2019 年联合国气候行动峰会提供支撑。此次大会内容丰富，包括 7 场筹备会议、3 场官方陈述、2 场部长级圆桌会议、5 场高级别对话、16 场工作会议、1 场特别会议和 16 场边会。会上发布了《全球减少灾害风险评估报告（2019）》，举行了"2019 年联合国笹川减灾奖"和"2019 年联合国风险奖"两场颁奖仪式。

三　国家减少灾害风险平台及会议

2005 年第二届联合国世界减少灾害大会结束之后，作为实施兵

---

① 张磊、和海霞：《第六届全球减灾平台大会见闻与思考》，《中国减灾》2019 年第 13 期，第 34 页。

库框架的一个重要步骤，各国在国家层面开始着手建立起减灾协调机制，其中一个重要内容就是建立由各种利益攸关方参与的国家减少灾害风险平台，以便在经济和社会发展框架下全面应对灾害风险，促进和监督《2005 - 2015 年兵库行动框架：加强国家和社区的抗灾能力》落实情况。国家减少灾害风险平台包括国家职能部委、红十字会和红新月会、非政府组织、私营部门、媒体、学术机构，有时候还包括捐助者和联合国代表。联合国减少灾害风险办公室作为协调全球防灾减灾事务的中枢，通过其区域办事处，积极推动各国政府建立国家减少灾害风险平台的工作，强调政府对减少灾害风险工作的政治承诺，并利用各类场合宣传建立国家减灾平台的必要性。2006 年 10 月 11 ~ 13 日，联合国减少灾害风险办公室在南非比勒陀利亚召开了首届国家平台咨询会议。来自南非、马达加斯加、尼日利亚、中国、日本、德国、法国和意大利等 14 个国家，联合国国际减灾战略日内瓦总部以及非洲、亚洲、中亚和拉丁美洲区域办事处人员、联合国人道主义事务援助办公室和联合国开发计划署代表共计 31 人参加了会议。此次会议的目标是为各国国家减灾协调平台提供一个分享和交流知识与信息的平台，并就建立国家平台指导方针进行回顾和寻找差距；对国家、地区和国际层次推进减灾工作进行研讨；讨论加强国家平台之间网络化建设的可行途径。参会的 14 个国家代表分别就各自国家减灾平台的建设情况进行了介绍，并围绕着建立国家平台的定义、目标、功能、活动和成员构成等方面展开了积极的讨论。① 2007 年，联合国减少灾害风险办公室出版了《国家减少灾害风险平台准则》（Guidelines：

---

① 关妍：《主要国家减灾平台建设概况》，《中国减灾》2007 年第 1 期，第 43 页。

National Platforms for Disaster Risk Reduction）。该准则将国家减少灾害风险平台作为一种多利益攸关方协调机制，强调通过国家和领导层的参与，使这种机制更加有效和更可持续。它主张将国家平台纳入更广泛的国家减灾和发展系统，因为这些平台对国家发展和资源调动的影响往往取决于它们能否有效地融入现有的治理、决策和体制框架。目前，国家减少灾害风险平台在支持实施、监测和审查《仙台减灾框架》方面发挥着关键作用。国家减少灾害风险平台的类型初步可分为以政府为主导和以非政府组织为主导两种。其工作重点是：①大力推进跨部门和跨机构之间的合作与协作；②推动将减少灾害风险纳入国家发展政策、战略和实施计划中；③推动学校减灾工作开展；④推动社区参与减灾工作；⑤推动媒体、私人机构和科研机构参与减灾工作；⑥加强备灾和应急预案的制定；⑦加强区域合作。

四　国际灾后重建平台及论坛

国际灾后重建平台（International Recovery Platform，IRP）是为了推进第二届联合国世界减灾大会通过的《兵库行动框架》，解决在灾后重建方面遇到的困难和制约因素，分享灾后恢复重建的经验和教训，由联合国减少灾害风险办公室、世界银行、世界卫生组织等联合国机构在日本内阁府防灾局、兵库县等支持下于2005年3月在日本神户市设立的。自2009年开始，国际灾后重建平台每年举办一次国际灾后重建论坛，交流和学习各国关于"重建得更好"的做法。2018年1月25日，由国际灾后重建平台（IRP）、联合国减少灾害风险办公室（UNDRR）、亚洲减灾中心（ADRC）等主办的"2018 国际灾后重建论坛——城市韧性与重建得更好"在日本神户市召开。论坛主要讨论了"在韧性城市建设中重建得更好（Built Back Better：BBB）的作用"，要求落实第三届联合国世界减灾大会通过的《仙台减灾框架》，推进四项 BBB 任务：制定国家灾害恢复纲要或框架，落实灾前重建规划的编制，引入正式的评价体系和加强 BBB 政策的制定等。来自中国唐山、日本神户、印度、尼泊尔、东日本大地震地区等代表分享了 BBB 经验，提出了根据不同的发展阶段必须做好"建设好"（Built Better：BB）和"重建得更好"（Built Back Better：BBB）以及重建要与社会经济水平相结合等观点。2019 年的国际灾后重建论坛于 2019 年 1 月 28 日在神户召开，来自 23 个国家的 172 名代表参会，会议主题为"以坚韧的基础设施建设为目标"。论坛以基础设施的事前规划及恢复为中心议题，重点讨论了灾后重建的成功事例和经验教训。① 总之，国际灾后重建平台是一个全球伙伴关系，致力于加强知识分享，特别是恢复和重建方面的经验和教训。它也是联合国各组织、国际金融机构、国家和地方政府以及参与灾后恢复并寻求将灾害转化为可持续发展机会的非政府组织的共享平台。

---

① 内阁府：令和 2 年版『防災白書』、第 91 頁、http：//www.bousai.go.jp/kaigirep/hakusho/ pdf/R2_dai1bu1-2.pdf。

第五章

联合国减少灾害风险办公室的
区域性平台

区域性防灾减灾平台是体现政府提高减灾活动协调力和执行力的多边利益攸关方论坛，反映了各国政府加强国际合作和实施减少灾害风险活动的政治承诺。灾害风险和脆弱性无国界之分，因此，政府间合作是解决区域层面减少灾害风险的关键。区域的政府间机构组织在跟进减少灾害风险活动和《兵库行动框架》《仙台减灾框架》执行方面承担着日益增强的职责，区域性防灾减灾平台为所有参与减少灾害风险的人提供了信息交流和知识分享的机会。长期以来，联合国减少灾害风险办公室的区域办事处作为区域平台的支持者和协办方，致力于有效应对跨区域的灾害风险，加强区域联动，促进先进经验交流分享，共同织密筑牢区域减灾安全网。由联合国减少灾害风险办公室所辖的区域性防灾减灾平台在《兵库行动框架》的整个生命周期中稳步发展，在 2015 年后的《仙台减灾框架》时代，其仍然是推进跨区域综合性防灾减灾合作，构建区际综合性防灾减灾体系，提高跨境综合防灾减灾水平，促进各国防灾减灾技术和科研成果转化的重要途径。

一 亚洲减少灾害风险部长级会议

2005 年，中国政府发起并主办了首届亚洲减少灾害风险部长级会议（Asian Ministerial Conference on Disaster Risk Reduction, AMCDRR），此后每2年举办一次。截至2018年7月，亚洲减少灾害风险部长级会议先后在中国北京、印度新德里、马来西亚吉隆坡、韩国仁川、印度尼西亚日惹、泰国曼谷、印度新德里和蒙古乌兰巴托举办过8次会议，已经成为亚太地区防灾减灾领域交流合作的重要平台。据初步统计，共有近420个（次）国家政府、超过480个（次）国际或地区组织17000余人（次）参加大会；会议讨论的主题涉及区域减灾合作、减灾与发展、适应气候变化与减灾、地方减灾能力建设等；先后形成《亚洲减少灾害风险北京行动计划》和亚洲减少灾害风险德里、吉隆坡、仁川、日惹、曼谷和乌兰巴托宣言等会议成果文件。

第一届亚洲减少灾害风险部长级会议于2005年9月27~29日在中国北京召开，大会围绕2005年1月联合国世界减少灾害大会通过的《2005－2015年兵库行动框架：加强国家和社区的抗灾能力》所确定的减灾战略目标和重点领域，结合本地区减灾事业面临的形势和问题，充分交流了制定和实施减灾战略的经验，深入探讨了区域各国减灾行动的优先领域。会议期间，与会代表深入进行了防灾减灾救灾的经验交流，互相借鉴了制定实施国家减灾战略的成功做法，分享了减灾领域的成功经验；达成了区域各国开展减灾工作优先领域的共识。会议通过了《亚洲减少灾害风险北京行动计划》，确定了各国落实《兵库行动框架》的优先领域。强调要减少灾害风险、加强早期预警、构建减灾文化、强化备灾工作、减少潜在风险因素，健全开展减灾工作的机构和体系；加强了减灾领域的国际和区域合作。

第二届亚洲减少灾害风险部长级会议于2007年11月6~8日

在印度新德里举行。本次大会是 2005 年 1 月世界减灾大会和同年 9 月中国政府发起并举办的亚洲减少灾害风险部长级会议的重要后续行动。各方代表在发言中纷纷提及北京举办的首届亚洲减灾大会，对中国政府发起该地区减灾合作平台表示充分肯定，并确定将亚洲减灾大会这一减灾平台机制化，以推动全面落实《兵库行动框架》和《北京行动计划》。会议通过了《2007 年亚洲减少灾害风险德里宣言》，该宣言要求各国政府将减灾纳入国家持续发展战略，推动减灾主流化；重视灾害预警和备灾工作，将减灾融入重建并纳入应对全球气候变化的国际合作；加强区域机制建设，建立各方参与的伙伴关系。

第三届亚洲减少灾害风险部长级会议于 2008 年 12 月 2～4 日在马来西亚吉隆坡举办，会议通过了《2008 年亚洲减少灾害风险吉隆坡宣言》。在亚洲地区灾害风险不断变化并有加重趋势，而社区防灾减灾能力亟待加强的情况下，该宣言呼吁各国各地区应加大减少灾害风险的投入并加强创新，努力实现《兵库行动框架》所确立的各项目标，并特别强调，仅依靠政府一方减少灾害风险将是极为艰巨的任务，其他利害关系方，需要协同支持各国政府确保各项减灾任务得以实现。宣言还呼吁各国重视在灾害中保障妇女、老人、儿童和残疾人的权益；加强公众在减少灾害风险方面的教育和培训；并鼓励各国在国家和地方两级审议并确保在减少灾害风险方面的公共开支。

第四届亚洲减少灾害风险部长级会议于 2010 年 10 月 25～28 日在韩国仁川召开。此次会议的主题是"通过适应气候变化减少灾害风险"。来自亚洲 64 个国家政府代表团和 143 个与灾害风险工作相关国际和区域组织的 914 名代表参加了此次会议。此次大会通过高级圆桌会议和技术会议的形式，深入分析了亚洲灾害风险形势、交流了各国和相关利益攸关方减灾的实践经验和教训，研究了今后一段时间开展减灾工作的思路和举措。会议围绕提高减灾和适应气候变化意识及能力建设，开发和共享气候和灾害风险管理的信息、技术、良好实践和经验教训，推动将减少灾害风险和适应气候变化一体化纳入绿色、增长、发展三个板块进行，最终形成了第四届亚洲减少灾害风险部长级大会《亚太 2010 年减少灾害风险仁川宣言》和《亚太地区通过适应气候变化减少灾害风险仁川区域路线图》等成果文件。

第五届亚洲减少灾害风险部长级会议于 2012 年 10 月 22～25 日在印度尼西亚日惹举办。会议主题是"加强地方减少灾害风险能力"，下设三个子议题：一是将地方层面减少灾害风险和适应气候变化纳入国家发展规划；二是地方风险评估和融资；三是加强地方风险管理和伙伴关系。来自亚太地区 72 个国家政府代表团以及 100 多个相关国际和区域组织约 2600 名代表参加了本次大会。会议通过了《亚太 2012 年减少灾害风险日惹宣言》，向各减灾利益相关者呼吁，充分参与当前在世界范围内开展的关于将减灾纳入 2015 年后发展议程的磋商，并提供资金开发 2015 年后减灾新框架；将地方级别的减灾和气候变化适应纳入国家发展规划中；推动地方灾害风险评估和融资；加强地方风险管理与合作；构建地方社区的恢复力；降低潜在的风险因素；实施《兵库行动框架》中的跨领域事务。

第六届亚洲减少灾害风险部长级会议于 2014 年 6 月 23～26 日在泰国曼谷举行。会议主题是"加大投入，构建具有抗灾力的国家和社区"，下设三个子议题：一是增强地方层面的抗灾能力；二是提高在灾害和气候风险管理方面的公共投入，保护和维持发展成果；三是私营机构的角色——减少灾害风险中的公私伙伴关系。此次会议对于推进《2015 年后国际减灾框架（HFA2）》磋商具有重要意义，通过举行高级圆桌会议、部长对话、全体会议、专题会议、技术会议和边会等形式，深入分析了亚太地区灾害风险形势，交流和分享了各国政府和相关利益攸关方减少灾害风险的工作进展和经验教训。会议通过了《亚太 2014 年减少灾害风险曼谷宣言》《亚太对〈2015 年后国际减灾框架（HFA2）〉的贡献》和《各利益攸关方自愿承诺声明》等成果文件。

第七届亚洲减少灾害风险部长级会议于 2016 年 11 月 3～5 日在印度新德里举行，此次会议是 2015 年第三届世界减灾大会通过《2015－2030 年仙台减少灾害风险框架》后的第一届亚洲减灾大会。会议通过了《德里宣言》和《亚洲地区实施〈仙台减灾框架〉行动计划》。《德里宣言》就树立灾害风险管理理念、增强备灾能力、提升社区抗灾能力、加强区域合作和推动防灾减灾科技应用等方面达成了共识；《亚洲地区实施〈仙台减灾框架〉行动计划》就落实《2015－2030 年仙台减少灾害风险框架》的政策导向、计划实施路线图、两年行动计划（2017－2018）、计划实施与监测等方面做了详细阐述，并在区域层面、国家层面和地区层面等三个层面提出了详细的要求。

第八届亚洲减少灾害风险部长级会议于 2018 年 7 月 3～6 日在蒙古国首都乌兰巴托举行，中国应急管理部副部长、中国地震局局长郑国光博士代表中国政府出席会议。蒙古国总理呼日勒苏赫、副总理恩赫图布辛、联合国秘书长减灾事务特别代表水鸟真美出席开幕式并讲话。联合国秘书长安东尼奥·古特雷斯通过视频录像对会议开幕表示祝贺。本届会议评估并总结了《仙台减灾框架》运行情况、亚洲地区计划落实情况、本地区国家在减少灾害方面承担的责任、承诺和采取措施等，并通过了《乌兰巴托宣言》和《亚洲地区实施仙台减少灾害风险框架行动计划（2019－2020年）》。

需要提及的是，原定于2020年6月23～26日在澳大利亚布里斯班举办的首届亚太减少灾害风险部长级会议（Asia-Pacific Ministerial Conference on Disaster Risk Reduction，APMCDRR），因受新冠肺炎疫情影响将延期举行。这也是首次在非亚洲地区举办的亚太减少灾害风险部长级会议。

二 非洲－阿拉伯减少灾害风险平台

2018年10月1～14日，由联合国减少灾害风险办公室、阿拉伯国家联盟、非洲联盟委员会和突尼斯政府共同主办，联合国减少灾害风险办公室阿拉伯国家区域办事处、非洲区域办事处协办的首届非洲－阿拉伯减少灾害风险平台（Africa-Arab Platform on Disaster Risk Reduction）会议在突尼斯举行，会议的主题为"通报灾害风险，实现包容性可持续发展"。联合国减少灾害风险办公室主任基尔西·马迪（Kirsi Madi）、非洲联盟农村经济和农业专员约瑟夫·萨科（Josefa Sacko）、阿拉伯国家联盟助理秘书长阿卜杜勒拉提夫·阿比德（Abdellatif Abid）和突尼斯地方事务和环境部长里亚兹·穆阿哈尔（Riadh Mouakhar）与来自60多个国家的代表出席了开幕式。基尔西·马迪在开幕式演讲中强调要重点关注如何采取行动减少这两个地区的灾害风险和灾害损失。她指出，2017年这两个地区共有1040万人因国内冲突而流离失所，另有130万人因与天气有关的灾害而流离失所。在谈到"2020年实现目标（e）即大幅增加已制定国家和地方减少灾害风险战略的国家数目"时她说："目前，在这两个地区已开始接受并使用仙台框架监控系统。其中，有20个国家将其国家战略与仙台减少灾害风险框架即全球减少灾害损失计划保持一致，有18个非洲和阿拉伯国家开始上传关于死亡率、受影响人数、经济损失和关键基础设施受损的数据。"此次会议的目标是评估两个地区在执行《仙台减灾框架》方面取得的进展，重申实现该框架的政治承诺，从而为实现《2063年议程：我们想要的非洲》和《2030年可持续发展议程》做出贡献。会议在分别通过《关于加速〈仙台减灾框架〉的突尼斯宣言》《非洲减灾区域战略》以及第四届阿拉伯减少灾害风险会议的《突尼斯宣言》之后发表了《非洲 – 阿拉伯减灾合作公报》。联合国秘书长减灾事务特别代表水鸟真美在闭幕式上说："鉴于你们面临的共同挑战，举行两个地区的联席会议是一个成功的尝试。"[①]

三　美洲 – 加勒比区域减少灾害风险平台

美洲地区是仅次于亚太地区的第二大灾害易发地区，2015～2016年厄尔尼诺现象开始出现，2017年，加勒比地区的12个岛屿上大约有200人丧生，超过100万人受到影响，经济损失超过1000亿美元。[②] 在此背景下，第六届美洲 – 加勒比区域减少灾害风险平台（现已正式成为美洲 – 加勒比地区）（Regional Platform for DRR

---

① UN Office for Disaster Risk Reduction Africa, Arab States to deliver on Sendai, https://www.undrr.org/news/africa – arab – states – deliver – sendai.

② 联合国减少灾害风险办公室美洲和加勒比区域办事处：《加勒比地区面临恢复能力的挑战》，中国国家应急广播网，http://www.cneb.gov.cn/2018/07/05/ARTI1530775548860488.shtml。

in the Americas and the Caribbean）于 2018 年 6 月 20~22 日在哥伦比亚卡塔赫纳举行，逾千名政府、民间组织和私营部门的代表们参加了会议。该会议首次在加勒比地区举行，会议的主题是"在脆弱性地区建设更有活力的社区"，重点讨论了实现《2015－2030 年仙台减少灾害风险框架》全球计划中规定的减少灾害损失目标所需的措施，并就《仙台减灾框架》的四个优先事项进行了辩论。此外，会议涉及一些其他重要议题，如性别问题、妇女更多地参与减少灾害风险工作的必要性，以及残疾人的特殊需求等。除了国家和地方政府的代表之外，该区域平台还吸引了数百名来自私营部门、科学界和学术界、原住民、妇女、青年、老年人和残疾人群体代表的参与。水鸟真美女士自 2018 年 1 月上任以来第一次出席此次会议，她在最后一场会议的发言中说："包容性一直是一个非常强烈的主题——妇女、残疾人——这是我们所渴望的，也是我们在这里取得的成就。"哥伦比亚总统胡安·曼努埃尔·桑托斯（Juan Manuel Santos）在会议闭幕式上说："在一次巨大而富有成效的工作会议上，我们重申了对自愿实施仙台框架的承诺。"①

四 欧洲减少灾害风险论坛

2018 年 11 月 21~23 日，在意大利举行了第八届欧洲减少灾害风险论坛（European Forum on Disaster Risk Reduction），来自 55 个国家的 800 多名代表首次参加了为期两天的活动。这是自 2018 年 3

---

① United Nations Office for Disaster Risk Reduction-Regional Office for the Americas and the Caribbean Jamaica to host 2020 DRR meeeting, https：//www. undrr. org/news/jamaica - host - 2020 - drr - meeeting.

月推出仙台框架监控系统以来首次举办的欧洲论坛。意大利总理朱塞佩·孔特（Giuseppe Conte）在欧洲减少灾害风险论坛开幕式上发表主题演讲时表示，由于气候变化，自然和人为灾害造成的损失更加严重，这是保护我们各国和社区实现持续发展的根本挑战。从这个角度来看，减少灾害风险对所有政府都是至关重要的。本届欧洲减少灾害风险论坛的主题为"减少灾害风险，确保欧洲繁荣"。水鸟真美女士说："目前，60%的欧洲国家都有灾害损失数据库，3个国家已经在欧盟民防机制的背景下颁布了减少灾害风险的法律，我希望这次论坛将鼓励与会国家更多地使用监控系统，以确保充分发挥其作为指导政策和衡量实现仙台目标和可持续发展目标进展的全球资源的潜力。" 23 日，55 个国家的代表在欧洲减少灾害风险论坛闭幕时通过了《罗马宣言》。《罗马宣言》阐述了该地区在努力减少灾害风险和灾害损失时面临的挑战和机遇。意大利外交和国际合作部副部长伊曼纽拉·克劳迪娅·德尔雷在闭幕致辞中再次强调了根据《巴黎协定》《2030 年可持续发展议程》和《仙台减灾框架》的重要性。[①]

---

① UN Office for Disaster Risk Reduction Rome Declaraton on DRR adopted，https：//www.undrr. org/news/rome – declaraton – drr – adopted.

第六章

织密全球减灾伙伴关系网络

联合国减少灾害风险办公室对各成员国并没有强有力的约束力和执行力，其主要通过经常性的会议、发起各方共同行动的倡议，制定中长期目标，并通过发布相关研究报告、管理标准，监测数据来推动各国积极参与减灾的联合行动。具体来说，联合国减少灾害风险办公室主要通过建立各成员国在减灾领域的伙伴关系网络，以一种自愿、灵活的方式开展合作。此外，联合国减少灾害风险办公室作为联合国系统机构，不仅得到联合国系统内的支持，还与其他国际组织建立了紧密的伙伴关系，共同推动相关议程。

一 发展全球减灾伙伴关系

防灾减灾牵扯到社会不同主体，需要各领域各方面人才的积极参与，需要各利益攸关方的鼎力支持。只有充分发挥社会各界力量，不断筑牢全球伙伴关系网络，才能够凝聚多边利益攸关方共识，通过全社会的方法才能有效应对各种灾害风险。《2015－2030年仙台减少灾害风险框架》明确阐述了多边利益攸关方伙伴关系对于制定和执行减少灾害风险的框架、标准和计划，推动和支持公共意识、预防文化和灾害风险教育，倡导建立具有抗灾能力的社区和进行包容性与全社会灾害风险管理，以支持实现"到 2030 年大幅降低全球灾害死亡率以及大幅减少全球受灾人数"的目标。为此，联合国减少灾害风险办公室以伙伴关系为依托，设法让每个人和每个社区都参与到防灾减灾行动中。其最终目的可以归纳为：①提高公众认识，了解全球的灾害风险和脆弱性；②获得公共当局的承诺，执行减灾政策和行动；③促进跨学科和跨部门的伙伴关系，包括扩展减少灾害风险的网络；④提高对减灾的科学认知。

2018 年，联合国减少灾害风险办公室制定了《伙伴关系和利益攸关方参与战略》（Partnership and Stakeholder Engagement Strategy）。该战略认为，虽然各国政府有责任将减少灾害风险纳入核心社会、经济和发展规划，但建立全球减少灾害风险的伙伴关系，增强全社会抵御和应对灾害能力是有效减少灾害风险的关键，它需要各国政府、联合国、国际组织以及广大利益攸关方团体的密切合作。[①] 其中，所谓伙伴是指"作为既定协议、项目或框架的一部分与联合国减少灾害风险办公室合作以实现共同目的或承担特定任务并分担风险、责任、资源、能力和利益的个人、组织、网络或协会"。"伙伴关系"是指国家和非政府组织各当事方之间的自愿合作关系，其中所有参与者同意共同努力实现一个共同目标或承担一项具体任务，并分担风险、责任、资源、能力和利益。而"利益攸关方"则是指对减少灾害风险感兴趣或关切的个人、组织、网络或团体。利益攸关方可以参与联合国减少灾害风险办公室组织的宣传、倡议活动以及全球和区域平台会议，而

---

① United Nations Office for Disaster Risk Reduction, "Partnership and Stakeholder Engagement Strategy," 2018, p. 1, https：//www. preventionweb. net/files/61909 _ partnershipengagement strategy. pdf.

重点是支持国家和地方各级实施《仙台减灾框架》。①

目前，联合国减少灾害风险办公室构建全球伙伴关系，密切利益攸关方合作的主要载体是每两年举办一次的全球减少灾害风险平台大会。这是一个多边利益攸关方论坛，与会者汇集了来自政府和利益攸关方的多个部门，旨在总结减灾领域最新发展趋势和面临的挑战，以及减少灾害损失和管理灾害风险方面所取得的进展。利益攸关方参会人数已从 2007 年开始举办的 1171 人增加到 2019 年的 4000 多人。联合国减少灾害风险办公室通过这个平台，不断加强各国政府之间的合作，发展伙伴关系，推进 2030 年全球减少灾害风险计划即《仙台减灾框架》的实施。

近年来，在联合国减少灾害风险办公室的推动下，一些区域先后举办减少灾害风险伙伴关系会议，探索完善各方合作伙伴关系的新路径。例如，2018 年 12 月 18 日在黎巴嫩首都贝鲁特举行了第二届阿拉伯减少灾害风险伙伴关系会议。为期两天的会议聚集了来自阿拉伯地区超过 35 个利益攸关方和合作伙伴，他们分别代表儿童和青年、老年人、当地社区、学术界、科学技术工作者、国际和区域组织以及联合国。联合国减少灾害风险办公室阿拉伯国家区域办事处主任苏吉特·莫汉蒂（Sujit Mohanty）对与会者表示欢迎，他说："看到越来越多的利益攸关方成为真正变革的推动者，帮助整个阿拉伯地区减少灾害风险，这真是一个令人鼓舞的事情。"阿拉伯区域有五个以减少灾害风险为重点的自发组织的利益攸关方小组，它们是阿拉伯科学和技术咨询小组、阿拉伯减少灾害风险儿童

---

① United Nations Office for Disaster Risk Reduction：Partnership and Stakeholder Engagement strategy，2018，p. 1，https：//www. preventionweb. net/files/61909_ partnershipengagement strategy. pdf.

和青年小组、阿拉伯减少灾害风险民间社会小组、阿拉伯两性平等和妇女赋权小组以及阿拉伯红十字会和红新月国家协会。这些小组都发表了自愿行动声明，以支持实施《仙台减灾框架》和《2030年阿拉伯减少灾害风险战略》。阿拉伯减少灾害风险民间社会小组代表加达·阿马丁（Ghada Ahamdein）说："我们单独能做的事情太少，但我们联合在一起能做的事情就太多了。"她表示："有效的伙伴关系是民间社会组织成功的核心，因为它们在实施仙台框架方面发挥着重要作用。"据悉，该小组已经开始制定一项具体的工作计划，该计划将启动实施自愿行动声明。来自阿尔及利亚、埃及、约旦、摩洛哥、突尼斯、毛里塔尼亚、苏丹、也门、黎巴嫩和叙利亚的民间组织代表为此做出了贡献。此外，其他利益攸关方团体也加强了他们的工作计划，包括最近积极活跃的儿童和青年团体，他们呼吁加强参与政策和实施仙台框架的力度。联合国儿童和青年主要小组（UNMGCY）的代表玛瓦·孟沙维（Marwa Menshawy）总结道："我们在社会中占很大一部分，减少灾害风险的从业者和政策制定者应该利用我们的能力并赋予我们权力。"第二届阿拉伯减少灾害风险伙伴关系会议由联合国减少灾害风险办公室组织，除利益攸关方小组成员外，还汇集了联合国粮农组织、西亚经社会、国际电联、国际助老会、联合国儿童和青年主要小组、世界卫生组织、红十字与红新月联会、阿拉伯水事理事会的代表。[①]

又如，2019年5月，联合国减少灾害风险办公室和挪威最大的寿险公司KLP集团宣布建立伙伴关系，对金融投资进行地理标记，

---

① United Nations Office for Disaster Risk Reduction-Regional Office for Arab States: Partnerships Key for Reducing Disaster Risk, 18 December 2018, https://www.undrr.org/news/partnerships - key - reducing - disaster - risk.

以防范灾害和气候风险。联合国秘书长减灾事务特别代表水鸟真美说："这是金融和投资领域的重大突破。"该伙伴关系的重点是将奥斯陆证券交易所最大公司的资产地理位置与潜在的自然灾害脆弱性联系起来。它的目的是根据资产的位置检查其重要性和价值。它将包括设施类型的分类，并在了解资产敏感性的情况下覆盖这些信息，以制定与灾害风险相关的权重。截至目前还没有关于公司地理位置的数据和信息，但是，这些信息对于评估洪水、山体滑坡、风暴等自然事件的潜在金融风险至关重要。公司空间分布数据的可用性将确保投资者能够在清楚了解资产面临灾难和气候风险的基础上做出风险知情的决策。①

再如，2020 年 2 月，联合国减少灾害风险办公室和乌兹别克斯坦塔什干市建立伙伴关系，着手评估这座首都城市的抗灾能力，并制定一项减少风险的全面行动计划。塔什干是中亚最大的城市，副市长拉赫曼库洛夫（B. Rakhmanqulov）先生表示，塔什干的发展和快速增长应考虑到所有现有和未来的风险，特别是与气候变化因素有关的风险。他强调，评估和制定城市的抗灾能力计划将有助于确保对城市的投资与发展同步。联合国减少灾害风险办公室欧洲区域办事处副主任阿比拉什·潘达（Abhilash Panda）先生说："这是塔什干建设抗灾能力的关键一步。城市官员明确承诺将与联合国减少灾害风险办公室合作，以了解他们面临的风险，进而采取行动减少风险。"②

---

① 联合国减少灾害风险办公室欧洲区域办事处：《联合国和挪威寿险公司合作识别金融投资风险》，中国国家应急广播网，http://www.cneb.gov.cn/2019/05/21/ARTI1558443456282335.shtml。

② 联合国减少灾害风险办公室欧洲区域办事处：《塔什干承诺评估其抗灾能力》，中国国家应急广播网，http://www.cneb.gov.cn/2020/02/17/ARTI1581884347151277.shtml。

二 密切利益攸关方减灾合作

联合国减少灾害风险办公室根据其与各国中央和地方政府、政府间组织、民间社会以及私营部门建立的关系，通过其多利益攸关方协调机制得到实际运作。多利益攸关方是联合国减少灾害风险办公室运作的核心模式，也是一种全球治理的新型形态。多利益攸关方主要体现为国家、地方政府、政府间组织、私营部门以及社会团体的相互协作。联合国减少灾害风险办公室主要提供信息、知识、监测等功能，协调各相关方共同参与减灾行动。例如，非政府组织以其独特属性及自身的优势在防灾减灾中发挥作用；社区和地方政府也是重要的参与方；私营企业为了避免灾害对生产经营活动的影响，承担其减灾的社会责任，也是减灾活动的重要参与者。各国政府在制定减灾救灾政策法规、发展战略、宏观规划、技术标准和管理规范以及具体实施减灾救灾行动等方面发挥主体角色。联合国减少灾害风险办公室通过构建专业化、规范化的灾害管理体系，建立全球层面的合作交流平台，调动各利益攸关方的力量参与减灾事业。

1. 建立利益攸关方参与机制

《仙台减灾框架》强调，有效的灾害风险管理取决于公共部门和私营部门之间更密切的合作，同时呼吁"采取更广泛，更以人为本预防灾害风险的方法"。为了协助多边利益攸关方深度参与全球、区域和国家各级实施《仙台减灾框架》的进程，2018年，联合国减少灾害风险办公室（UNDRR）启动了"UNDRR利益攸关方参与机制"（UNDRR Stakeholder Engagement Mechanism，简称

UNDRR-SEM）。该机制承认需要采取多部门合作的方法来减少灾害风险，依靠利益攸关方的召集、宣传和执行能力，支持《仙台减灾框架》的实施，并将减少灾害风险纳入更广泛的《2030年可持续发展议程》。这种新方法旨在形成一种结构化、开放灵活的方式，以便与不同的利益攸关方进行沟通互动，并将合作伙伴聚集在一起。UNDRR-SEM的主要职能包括：为执行《仙台减灾框架》建立一个具有广泛性和包容性的参与机制；创建影响政策制定和执行的有效途径；强化公民参与的社会问责机制；促进多利益攸关方之间的协调和信息交流。此外，UNDRR-SEM还通过以下方式致力于推进《仙台减灾框架》的落实：开展全球、区域宣传和交流；与其他参与《2030年可持续发展议程》的利益攸关方和民间社会组织接触，以支持跨部门和跨学科合作；运用专业知识以及引起全球关注的经验教训和案例分析，推进减灾战略行动计划的执行。

2. 启动"仙台减灾框架自愿承诺"在线平台

《2015－2030年仙台减少灾害风险框架》承认，国家负有减少灾害风险的主要责任，但它也强调了包括地方政府、私营部门、学术界和民间社会在内的其他利益攸关方的共同责任。根据联合国大会2013年12月20日第68/211号决议，相关利益攸关方的承诺对于确定合作方式和执行本框架十分重要。这些承诺应十分具体并规定时限，以支持建立地方、国家、区域和全球各级伙伴关系，支持实施地方和国家减少灾害风险战略和计划。鼓励所有利益攸关方通过联合国减少灾害风险办公室网站，宣传它们支持本框架或国家和地方灾害风险管理计划执行工作的承诺及其履行情况。为鼓励和支持众多利益攸关方共同参与减灾行动，联合国减少灾害风险办公室于 2018 年 12 月 31 日正式开启"仙台减灾框架自愿承诺"在线平台（Sendai Framework Voluntary Commitments，SFVC），作为动员、监测和评估多利益攸关方在 2030 年之前执行《仙台减灾框架》承诺的机制。该平台允许不同的利益攸关方（私营部门、民间社会组织、学术界、媒体、地方政府等）向公众通报他们的工作，分享经验教训，并确定合作领域。联合国减少灾害风险办公室通过记录全球减灾合作伙伴参与实施《仙台减灾框架》的自愿承诺，可以监测、评估和提高利益攸关方分担减少灾害风险责任的有效性，从而最大限度地发挥他们的影响力。仙台减灾框架自愿承诺在线平台第一年就有 200 多个用户注册。2019 年 5 月，联合国减少灾害风险办公室发布了第一份《仙台减灾框架自愿承诺综合与分析报告》，总结了自愿承诺者促进《仙台减灾框架》4 个优先事项以及可持续发展目标的经验和面临的挑战。报告显示，有 50% 以上的自愿承诺者集中在亚洲地区，其中约 60% 是非政府组织，其次是学术和研究机构，占 11%。在联合国 17 项可持续发展目标[①]中，有关目标 11

---

① 联合国 17 项可持续发展目标如下。目标 1：在全世界消除一切形式的贫困。目标 2：消除饥饿，实现粮食安全，改善营养状况和促进可持续农业。目标 3：确保健康的生活方式，促进各年龄段人群的福祉。目标 4：确保包容和公平的优质教育，让全民终身享有学习机会。目标 5：实现性别平等，增强所有妇女和女童的权能。目标 6：为所有人提供水和环境卫生，并对其进行可持续管理。目标 7：确保人人获得负担得起的、可靠和可持续的现代能源。目标 8：促进持久、包容和可持续经济增长，促进充分的生产性就业和人人获得体面工作。目标 9：建造具备抵御灾害能力的基础设施，促进具有包容性的可持续工业化，推动创新。目标 10：减少国家内部和国家之间的不平等。目标 11：建设包容、安全、有抵御灾害能力，和可持续的城市和人类住区。目标 12：采用可持续的消费和生产模式。目标 13：采取紧急行动应对气候变化及其影响。目标 14：保护和可持续利用海洋和海洋资源以促进可持续发展。目标 15：保护、恢复和促进可持续利用陆地生态系统，可持续管理森林，防治荒漠化，制止和扭转土地退化，遏制生物多样性的丧失。目标 16：创建和平、包容的社会，以促进可持续发展，让所有人都能诉诸司法，在各级建立有效、负责和包容的机构。目标 17：加强执行手段，重振可持续发展全球伙伴关系。

（建设包容、安全、有抵御灾害能力，和可持续的城市和人类住区）的自愿承诺率最高，为19%。[①] 报告还介绍了与《仙台减灾框架》目标（E）有关的3个典型经验，即通过基于证据和包容性的政策加强地方政府的治理能力；重新评估和监测城市网络中的恢复力；将老年人的建议纳入公共政策设计方案。报告确定了面临的挑战和后续步骤。联合国秘书长减灾事务特别代表水鸟真美（Mami Mizutori）在报告中指出："我希望鼓励所有致力于减少灾害风险的利益攸关方，利用在线平台向公众通报为恢复社会和我们共同的未来所采取的行动和取得的成就。"

3. U-INSPIRE 联盟的国家分会开始记录减灾工作

U-INSPIRE 于2018年在印度尼西亚创建，是一个由从事科学、工程、技术和创新（SETI）工作的年轻人和青年专业人员（YYP）组成的联盟，它在联合国教科文组织（UNESCO）和联合国减少灾害风险办公室（UNDRR）的支持下，为减少灾害风险和建设抗灾能力做出贡献。目前，U-INSPIRE 在亚洲的12个国家设立分会，其中印度、尼泊尔和印度尼西亚的 U-INSPIRE 分会成为了首批将其工作记录在由联合国减少灾害风险办公室管理的仙台减灾框架自愿承诺在线平台上的国家分会。通过在此平台上公布其活动，世界各地的合作伙伴和参与者可以相互学习并获益。例如，减少风险专业人员联合会（U-INSPIRE 印度分会）通过大学网络，提升年轻人和青年专业人员（YYP）的管理灾害风险和适应气候变化方面的能力。又如 U-INSPIRE 尼泊尔分会的两项自愿承诺项目表明该国年轻科学家的活力。其中一项是由喜马拉雅减少风险研究所（IHRR）

[①]　United Nations Office for Disaster Risk Reduction, *Annual Report 2019*, p. 56.

主持，该研究所正在努力提升年轻人和青年专业人员（YYP）的抗灾能力，以便在尼泊尔减少灾害风险活动中，更好地开发和应用科学技术。此外，喜马拉雅减少风险研究所还致力于通过使用无人机和地理空间技术，进行灾害风险评估和规划未来发展来塑造抗灾能力。除此之外，首批自愿承诺的国家分会还包括U-INSPIRE印度尼西亚分会，其工作旨在国家、区域及全球各层面，鼓励年轻人和青年专业人员（YPP）促进科学、工程、技术和创新（SETI）的发展，以加速实施《仙台减灾框架》。

积极从事减少灾害风险工作并想在本国建立一个U-INSPIRE国家分会的年轻科学家可以在联合国减少灾害风险办公室的自愿承诺平台上展示其工作，该平台作为任务管理工具，通过自动提醒系统，监测产出并报告进展情况。通过自愿承诺平台开展合作可以提高参与者的工作效率。①

三　重点领域的伙伴关系

私营部门和金融部门　　《仙台减灾框架》鼓励私营部门金融机构，包括金融监管机构和会计机构及中小企业采取行动，将减少灾害风险纳入业务模式和计划中。②　私营部门作为主要投资者是联合国减少灾害风险办公室（UNDRR）的重要伙伴。UNDRR 与私营

---

① 中国国家应急广播网：《U-INSPIRE 联盟的国家分会开始记录减灾工作》，http：//www. cneb. gov. cn/2020/09/27/ARTI1601193969939554. shtml。

② 《仙台减灾框架》第 36 条（c），"企业、专业协会和私营部门的金融机构，包括金融监管部门和会计机构及慈善基金会要通过灾害风险指引型投资，特别是对微型和中小型企业的此类投资，将灾害风险管理包括企业连续性纳入商业模式与实践"。

和金融部门合作的重点包括：①将灾害风险纳入企业管理战略，开展能力教育，提高减灾意识；②通过制定所需的政策、标准和条例等方式，促进以风险为导向的商业投资；③鼓励在国家以及地方层面的减少灾害风险活动中利用私营部门的专业知识，开发和实施创新解决方案。值得一提的是，2015 年 11 月，联合国减少灾害风险办公室成立了"私营部门抗灾社会联盟"（Private Sector Alliance for Disaster Resilient Societies，简称 ARISE）。ARISE 是由联合国减少灾害风险办公室领导的私营部门实体网络，旨在与各国政府和其他利益攸关方合作，发挥私营部门的创新潜力和召集能力，降低灾害风险对企业投资决策的影响，帮助私营部门在实施《仙台减灾框架》中发挥作用。加入 ARISE 的私营部门需要自愿承诺 5 项义务，即动员私营部门提高对灾害风险的认识；在各自专业领域扩大影响力；在私营部门之间分享知识、经验和良好做法；促进创新与合作，制定以风险为导向的业务战略；支持和实施仙台框架目标。ARISE 每年至少举行一次会议，现任主席由联合国秘书长负责减灾事务的特别代表水鸟真美女士担任，目前联盟成员已发展到 300 多家。①

科学、技术、研究和学术界　《仙台减灾框架》中的优先事项是"理解灾害风险"，《仙台减灾框架》第 25 条指出"灾害风险管理政策与实践应当建立在对其脆弱性、能力、暴露程度等所有方面的全面理解基础之上"。联合国减少灾害风险办公室（UNDRR）深刻认识到，科学技术信息和学术研究对于实现上述目标具有不可替

---

①　UNDRR ARISE：Member list，https：//www. ariseglobalnetwork. org/join/members.

代的关键作用，基于《仙台减灾框架》第 25 条（g）[1] 和 36 条（b）[2] 的要求，UNDRR 于 2016 年成立了"科学和技术咨询小组"（Scientific and Technical Advisory Group，简称 STAG）。STAG 由高级别专家组成，其工作包括减少灾害风险的科学和技术层面的所有方面，特别侧重发展中国家的需要。STAG 根据其专长向 UNDRR 提供政策建议，为开展减少灾害风险活动提供技术咨询。STAG 是一个广泛、开放的网络，它作为 UNDRR 的技术界合作伙伴，正在根据《仙台减灾框架》绘制的科学技术路线图开展以下工作：一是加强创新研究，促进新伙伴关系的形成；二是整合所有灾害学科，加强跨学科研究，促进将知识转化为行动；三是促进综合信息交流和应用研究；四是加强能力建设，弥合科学政策鸿沟。此外，UNDRR 还积极参与国际科学理事会（ISC）的灾害风险综合研究方案（IRDR）、国际滑坡协会（ICL）、国际水灾害与风险管理中心（ICHARM）等专题倡议。

民间社会、社区和志愿组织 《仙台减灾框架》第 36 条（a）指出"民间社会、志愿者、志愿工作组织和社区组织要与公共机构合作参与，除此之外，在制定和执行减少灾害风险的规范框架、标

---

[1] "在联合国减少灾害风险办公室科学和技术咨询组的支持下，通过各级和所有区域的现有网络和科研机构的协调，加强和进一步动员开展减少灾害风险方面的科技工作，以便加强循证基础，支持落实本框架；促进对灾害风险模式和因果关系的科学研究；充分利用地理空间信息技术传播风险信息；在风险评估、灾害风险建模和数据使用方法和标准方面提供指导；查明研究和技术差距，为减少灾害风险的各个优先研究领域提出建议；推动和支持为决策提供和应用科学技术；协助更新题为 2009 年《减灾战略减少灾害风险术语》的出版物；以灾后审查为契机加强学习和公共政策；传播研究成果"。

[2] "学术、科研实体和网络要注重研究中长期灾害风险因素和情况推测，包括新出现的灾害风险；加强对区域、国家和地方应用办法的研究；支持地方社区和地方当局采取行动；支持科学与政策相互衔接，促进决策进程"。

准和计划方面提供具体知识和务实指导；参与实施地方、国家、区域和全球计划及战略；推动和支持公共意识、预防文化和灾害风险教育；倡导建立具有抗灾能力的社区和进行包容性及全社会灾害风险管理，以适当加强各群体之间的协同增效"。民间社会、社区和志愿团体，包括妇女、儿童和青年、残疾人、老年人、原住民等在国家、地方和国际各级组织加强减少灾害风险的执行工作以及确保社区更具包容性方面是联合国减少灾害风险办公室的关键合作伙伴，这一伙伴关系的重点领域包括：①倡导全社会的灾害风险管理，加强各群体之间的协同作用；②创新和知识共享；③教育和能力建设；④向各国政府和从业人员提供指导和技术支持，包括制定减少灾害风险的规范性框架、标准和计划；⑤实现地方和社区层面的变革。

青年 《仙台减灾框架》明确指出："青少年是变革的推动者，必须按照法律法规、国家实践和教育课程，给予他们为减少灾害风险做出贡献的空间和机会。"[①] 联合国减少灾害风险办公室（UNDRR）积极支持青年人参与减少灾害风险进程，鼓励他们创新解决风险的办法。如 2019 年 5 月初，在斐济苏瓦南太平洋大学召开了"首届太平洋恢复力会议"，为期 3 天的会议汇集了来自政府、区域组织、民间社会、私营部门、学术界和发展伙伴的 300 多名代表。这次会议以"青年人是太平洋地区恢复力的未来"为主题，强调迫切需要利用青年人的能量和才华，增强气候灾害复原力。南太平洋大学的学生扎基亚·阿里（Zakiyyah Ali）说："亚太地区青年人超过 10 亿，占全球青年人口一半以上。鉴于这一点，青年人非

---

① 《仙台减灾框架》第 36 条（a）（二）。

常有必要通过政策制定、宣传、抗议等方式参与减少灾害风险。"①
又如，2020 年 8 月 12 日 UNDRR、联合国儿童基金会、联合国教科
文组织以及红十字会与红新月会国际联合会等合作伙伴共同组织了
"减少灾害风险和气候变化青年论坛"，与会的年轻人对更多地参与
减少灾害风险战略和应对气候变化行动的设计和规划表现出极大的
兴趣。一些青年领袖承诺参与建立一个促进减少灾害风险和传播环
境抗灾知识的区域网络，以打造一个能影响美洲和加勒比区域减灾
政策和进程的平台。② 此外，UNDRR 还与联合国儿童和青年主要小
组的减少灾害风险工作组、联合国主要科学技术小组、全球青年发
展机构间网络的青年代表以及联合国秘书长青年问题特使通力合
作、密切配合，围绕以下重点领域开展工作：①倡导各级减灾指导
方针与《仙台减灾框架》的一致性；②增强青年的能力，通过社会
媒体和新技术推动交流方式的创新；③加强儿童和青年的能力建设
和风险教育。

妇女、儿童、残障人士等 《仙台减灾框架》第 36 条（a）
（一）项指出，妇女及其参与对于有效管理灾害风险以及敏感对待
性别问题对减少灾害风险政策、计划和方案的制订、资源配置和执
行工作至关重要；需要建立适当的措施，增强妇女的备灾力量，并
增强她们灾后替代生计手段的能力。长期以来，联合国减少灾害风
险办公室注重将性别平等视角纳入灾害风险管理，致力于以包容的

---

① 联合国减少灾害风险办公室太平洋区域办事处：《青年人是太平洋地区恢复力的关键》，
  中国国家应急广播网，http：//www. cneb. gov. cn/2019/05/22/ARTI15585154064948
  92. shtml［2019－05－22］。
② 联合国减少灾害风险办事处美洲和加勒比区域办事处：《通过青年领导层建立抗灾能
  力》，中国国家应急广播网，https：//www. undrr. org/news/building－resilience－
  through－youth－leadership［2020－8－24］。

方式让妇女、儿童、老年人、残障人士等参与涉及减少灾害风险的相关论坛和进程，并为此做出贡献。数据表明，妇女、儿童、老年人、残障人士等弱势群体在减灾中的脆弱性特征，在一定程度上决定着区域的整体脆弱性和减灾效果，因为与男性相比，女性受灾害影响更为严重。例如，1991 年 4 月，孟加拉国遭受强大的飓风袭击，90% 的死亡人口是女性；2004 年印度洋海啸造成的印度、斯里兰卡和印度尼西亚女性死亡人数是男性的 4 倍。在欧洲，2003 年热浪导致的女性死亡人数超过男性。然而，尽管妇女、老年人等弱势群体存在脆弱性，但在灾害规划以及提高社区安全性方面，他们又有着丰富的经验。也正由于此，在 2017 年召开的第五届全球减轻灾害风险平台大会上，联合国减少灾害风险办公室、红十字会与红新月会国际联合会（IFRC）以及联合国妇女署（UN Women）共同发起了一项主题为"在灾害中保护妇女及其参与灾害风险管理"的倡议。2019 年 5 月在瑞士召开了第六届全球减轻灾害风险平台大会，其中与会者 40% 是女性，有 50% 的女性代表做了会议发言。例如，在大会特别会议上，孟加拉国议会议员萨伯·侯赛因·乔杜里（Sabre Hossain Chowdhury）将降低灾害死亡率归功于促进妇女在所有部门的领导和赋权。他认为这一举措有助于推动孟加拉国从低收入国家向中等收入国家的提升。马来西亚副总理万·阿齐扎·万·伊斯梅尔（Wan Azizah Wan Ismail）表示，"目前马来西亚政府 30% 的高级职位由女性担任，我们的目标是 50% 的灾害风险管理职位由女性担任。在马来西亚赋予女性权利是减少该国灾害风险的国家优先事项。"[1]

---

[1] United Nations Office for Disaster Risk Reduction, "Women's Leadership Key to Reducing Disaster. Mortality," https：//www. undrr. org/news/womens - leadership - key - reducing - disaster - mortality（16 May 2019）.

联合国秘书长减灾事务特别代表水鸟真美女士说："妇女是家庭和社区变革的强大影响者，当被赋予领导职位时，她们可以带来转型变革。"

此外，联合国减少灾害风险办公室提倡建立"具有可持续性和包容性发展的社会"，鼓励企业、政府、公民等所有利益攸关方积极参与实施《仙台减灾框架》行动，进一步把防灾减灾和可持续发展的目光及措施下沉到妇女、残疾人、老年人和儿童等脆弱群体和因灾害与冲突导致流离失所的群体以及相关地区，用包容性的方式提高其防灾减灾能力。《仙台减灾框架》第 36 条（a）（三）和（四）项指出，"残疾人及其组织对于评估灾害风险和根据特定要求制订和执行计划至关重要"；"老年人拥有多年积累的知识、技能和智慧，是减少灾害风险的宝贵财富。"为提高老年人和残疾人的防灾减灾意识，增强他们应对自然灾害的能力，联合国减少灾害风险办公室与联合国会员国和其他利益攸关方一道致力于构建残疾人减少灾害风险的无障碍和包容性机制。采取的主要措施包括：让残疾人参与战略制定和决策，包括参与联合国减少灾害风险办公室主办的会议和进程；按性别、年龄和残疾收集分类数据；编写关于包容、无障碍的指导和培训材料等。

国际（区域）金融机构　减少灾害风险不仅着眼于降低现有风险，还在于防止产生新风险，而投资对于减灾变得至关重要，特别是在极易发生自然灾害的低收入国家更加需要巨额资金支持。联合国减少灾害风险办公室根据联合国 – 世界银行《2030 年议程》战略伙伴关系等战略框架协议，致力于加强与世界银行（World Bank）、国际货币基金组织（IMF）等国际和地区开发银行、金融机构和主要基金会等实体机构的合作，力争实现以下目标：①影响财政、规划和经济部门，将灾害风险视为可持续发展的一个关键组成部分，其中包括积极参与七国集团（G7）、20国集团（G20）等财长会议，以及国际货币基金组织（IMF）和世界银行（World Bank）组织的活动；②鼓励将灾害和气候风险纳入国际金融机构的发展战略、商业模式和投资决策；③将减少灾害风险纳入相关议程，如《亚的斯亚贝巴行动议程》和联合国发展筹资论坛；④促进将灾害风险纳入全球基础设施的投资决策，如中国的"一带一路"倡议和2016年印度发起的全球基础设施联盟。①

四 联合国系统减灾合作机制

2016年6月，联合国减少灾害风险办公室与29个联合国组织共同制定了"联合国减少灾害风险提高抗灾能力行动计划"。该计划将减少灾害风险纳入联合国系统的主流，确定了一系列措施，以加强对国家和社区管理灾害风险工作的支持。目前，联合国系统中的29个专门组织正利用各自的专业知识、网络和资源来减少灾害风险，并在全球、区域和国家层面开展合作。此外，在推动《仙台减灾框架》实施的基础上，联合国组织签署的相关协议及其实施为防灾减灾工作拓宽了思路，并使越来越多的国家和社会力量以不同的方式开展行动，从各个领域为防灾减灾工作注入了新的力量。例如，《2030年可持续发展议程》（Transforming our World：The 2030

---

① United Nations Office for Disaster Risk Reduction, "Partnership and Stakeholder Engagement strategy, 2018," p. 12, https：//www. preventionweb. net/files/61909 _ partnershipengagement strategy. pdf.

Agenda for Sustainable Development)①、《巴黎协定》（Paris Agreement)②、《新城市议程》（New Urban Agenda),③ 以及《亚的斯亚贝巴行动议程》（Addis Ababa Action Agenda)④ 等协议的制定和实施，从人类社会发展总体蓝图绘制、城市可持续发展和国际援助等多个方面为防灾减灾工作的顺利开展奠定了基础。⑤

1. 联合国发布减少灾害风险行动计划

2016 年 6 月 2 日，联合国发布题为《联合国减少灾害风险 提高恢复力行动计划：实现可持续发展的风险指引综合途径》（United Nations Plan of Action on Disaster Risk Reduction for Resilience: Towards a Risk-informed and Integrated Approach to Sustainable Development, UN PoA）的报告，提出 3 条承诺及 10 个预期结果，确保顺利实施《仙台减灾框架》，以风险指引和综合

---

① 2015 年 9 月 25～27 日，"联合国可持续发展峰会" 在纽约联合国总部召开。会议开幕当天通过了一份由 193 个会员国共同达成的成果文件，即《变革我们的世界：2030 年可持续发展议程》。该纲领性文件包括 17 项可持续发展目标和 169 项具体目标，将推动世界在今后 15 年内实现 3 个史无前例的非凡创举——消除极端贫穷、战胜不平等和不公正以及遏制气候变化。

② 《巴黎协定》是于 2015 年 12 月 12 日在巴黎气候变化大会上通过，于 2016 年 4 月 22 日在纽约签署的气候变化协定。该协定为 2020 年后全球应对气候变化行动做出安排。《巴黎协定》主要目标是将 21 世纪全球平均气温上升幅度控制在 2℃ 以内，并将全球气温上升控制在前工业化时期水平之上 1.5℃ 以内。

③ 2016 年 10 月 17 日至 20 日在厄瓜多尔首都基多市召开的联合国第三次住房与城市可持续发展大会通过了《新城市议程》，该文件包括 175 条条款，对城市规划、建设和管理方式进行了反思，提出了城市转型发展的具体行动纲领。

④ 2015 年 7 月 13 日至 16 日在埃塞俄比亚首都亚的斯亚贝巴举行的第三次发展筹资问题国际会议上通过《亚的斯亚贝巴行动议程》，该文件提出了支持可持续发展目标实现的七大行动领域：国内公共资源、国内和国际私人资金、国际发展合作、国际贸易、债务与债务可持续性、解决系统性问题以及科学、技术、创新和能力建设，并且围绕这七大领域提出了 100 多项具体措施和政策建议。

⑤ 吴大明等：《减少灾害风险全球评估报告（2019）解读与启示》，《劳动保护》2019 年第 9 期，第 54 页。

方式实现可持续发展。行动计划提出的 3 条承诺及相应预期结果如下。一是在支持《仙台减灾框架》和其他协议时，通过风险指引和综合方式，加强联合国全系统的一致性。预期结果包括：①到 2020 年，联合国以基于风险指引的方式，制定支持可持续发展目标的实施计划，这些计划应有助于减少灾害和气候风险；②到2020 年，为帮助各国实施和监督《仙台减灾框架》需要的行动，联合国向各国提供全球和区域层面的支持，必须与向 2030 可持续发展议程提供的支持保持连贯和一致。二是提高联合国系统为各国减少灾害风险进行协调、提供高质量支持的能力。预期结果包括：①到2020 年，针对联合国所有的共同国家评估，提供分性别、分年龄、照顾到残疾人并符合各国国情的气候灾害风险信息；②针对灾害对发展构成威胁的国家，在联合国开展的发展援助框架和伙伴关系以及联合国灾后恢复战略和规划中，有效地纳入减少灾害风险策略；③到 2020 年，联合国各机构和联合国国别工作组（UNCTs）提高其早期预警和防范能力，有效支持国家和社区的应急准备、响应、恢复和重建工作；④到 2020 年，联合国驻地协调员和 UNCTs 有能力有效地支持国家实施风险指引下的发展议程；⑤到2020 年，联合国系统的能力整体增强，协助各国在各部门及跨行业间以最低要求实现《仙台减灾框架》。三是将减少灾害风险作为联合国各机构的战略重点。预期结果包括：①到 2020 年，联合国各机构出台相关政策和战略，优先考虑减少灾害风险，优先配置资源，以提高在减少灾害风险提高恢复力方面的投入力度；②到 2020 年，联合国各机构定期监测和报告在战略计划、规划和结果框架中纳入减少灾害风险策略的进展；③到2020 年，联合国各机构动员利益攸关方持续参与，支持各自行业内监测利用《仙台减灾框架》实现《2030 年可持续发展议程》的进展。①

2. 统筹协调任务明确

如前所述，联合国减少灾害风险办公室是联合国系统中唯一完全专注于减灾相关事务的实体，主要负责全球减灾领域内的合作与协调，具体来讲，其在联合国系统减灾合作机制中主要承担三项任务：一是统筹协调。由联合国秘书长负责减灾事务的特别代表召集成立高级别领导小组，负责督促联合国系统各部门采取协调一致行动，落实联合国减少灾害风险行动计划和《仙台减灾框架》，统筹解决执行过程中存在的问题。二是撰写审查、评估报告。联合国减少灾害风险办公室根据相关要求负责起草年度报告，并将其纳入联合国秘书长有关减少灾害风险报告以及"联合国系统发展方面业务活动四年度全面政策审查报告（QCPR）"。另外，还为全球减少灾害风险平台会议编写两年一次的《联合国减少灾害风险全球评估报告》。三是建立战略伙伴关系。自 2018 年开始，联合国减少灾害风险办公室寻求与联合国各组织机构负责人、新任联合国驻地协调员进行合作，推进与联合国系统各实体、全球和政府间区域性组织建立战略伙伴关系，并将综合减少灾害风险的理念嵌入到各个组织机构的规划、战略和活动领域中。

3. 携手构建合作共赢新伙伴

2020 年 2 月，联合国减少灾害风险办公室与联合国开发计划署（UNDP）签署了一项新的联合伙伴关系协定，以加强在三个优先领

① 全球变化研究信息中心：《联合国发布减少灾害风险提高恢复力行动计划》，http：//www. tanjiaoyi. com/article – 17604 – 1. html［2016 – 7 – 11］。

域的合作，加快实施《2015－2030 年仙台减少灾害风险框架》和《联合国减少灾害风险行动计划》。该协定的三个重点领域是：①支持关于《仙台减灾框架》执行情况的国家报告，包括针对减灾战略的可持续发展目标指标；②使尽可能多的国家通过和实施减少灾害风险战略——《仙台减灾框架》目标（E），同时确保与气候变化议程和可持续发展目标保持一致；③向各国提供指导和技术援助，以支持风险知情和可持续发展。开发计划署与减少灾害风险办公室之间的这种更紧密的伙伴关系将能够向各国，尤其是中低收入国家提供更好的支持，帮助它们建立更强的抗灾能力。此次新伙伴关系的协定，使联合国开发计划署在减灾、预防和备灾方面补充了联合国减少灾害风险办公室的全球协调任务。①

---

① 联合国减少灾害风险办公室：《联合国开发计划署与联合国减少灾害风险办公室共同应对气候和灾害风险》，中国国家应急广播网，http：//www. cneb. gov. cn/2020/02/23/AR TI1582414585031953. shtml。

第七章

形式多样的减少灾害风险教育活动

长期以来，联合国减少灾害风险办公室致力于组织全球、区域、国家以及社区、学校、企业等开展各种形式的防灾减灾公共宣传教育活动，倡导建立具有抗灾能力的城市和社区，鼓励公共和私营部门共同参与防灾减灾抗灾实践活动，并以此提高公众对灾害风险的认识和理解，有效促进了防灾文化的形成。

一 "让城市具有韧性"运动

城市作为政治、经济、文化活动的中心，具有人口集中、建筑物密集等特点。进入 20 世纪以来，城市规模的不断扩大使得城市系统面对飓风、洪涝、地震等自然灾害时的脆弱性也逐渐显现。正如《2009 年全球评估报告》所指出的那样，"泛滥的洪水风险与新的城市发展造成的径流增加，城市排洪设施长期投资不足，非正式居住区和社会住房项目位于地势低洼、易受洪水侵袭的地区以及周围水资源管理不足等因素密切相关。换言之，城市化进程的加快不仅导致易受危害地区的弱势人群和资产的暴露风险增加，而且也导致了灾害本身的扩大"。如何确保一个城市在灾害发生时能够维持城市系统的正常运行？如何降低城市系统的脆弱性和提高城市韧性成为人们关注的话题。

2010年5月30日，联合国国际减灾战略（UNISDR）在德国波恩发起名为"让城市具有韧性"（Making Cities Resilient，MCR）的全球运动，旨在推动市长和政治领导人对减少灾害风险做出更高的承诺，并通过与城市和政府合作，实施减少风险战略，让城市面对灾害时变得有"韧性"。[①] 这项运动创建了一套评价指标体系，包括"十大要素"[②]、《兵库行动框架》、地方政府自我评价工具等，呼吁城市领导者和地方政府致力于制定一份清单，列出使城市具有韧性的指标，并以此作为城市发展规划的基础。以上提到的评价工具也可用于评估政府在城市建设方面的工作绩效。韧性城市[③]的建设以及城市发展规划都与城市治理息息相关，因此可根据韧性城市建设的指标维度来构建政府绩效评估体系，从而推动地方政府的可持续性发展。2018年2月11日，时任联合国秘书长减灾事务特别代表罗伯特·格拉瑟（Robert Glasser）曾在第九届世界城市论坛（WUF9）高级别会议上表示，"'让城市具有韧性'运动的重点是让人们有希望在包容和可持续的城市环境中拥有更美好的未来"。他呼吁更多的城市加入其中。

---

① 韧性（resilience）也称为弹性、恢复力、抗逆力、可适应性等，用以描述各类主体面对外界风险、扰动（disturbance）时所具有的抗压、恢复和持续发展能力。韧性最早源自物理学，是指物质材料在变形过程中不易发生折断和破裂。随着时代的发展，韧性概念逐渐被运用到不同学科和社会领域中。

② 即：1. 组织抗灾能力；2. 识别、理解和使用当前和未来的风险情景；3. 加强财政能力，增强应变能力；4. 追求韧性城市发展和设计；5. 保护自然缓冲区，增强生态系统的保护功能；6. 提高城市抗灾能力；7. 了解和加强社会恢复力的能力；8. 提高基础设施的韧性；9. 确保有效应对灾害；10. 加快恢复和重建。

③ "韧性城市"是指市或城市系统化解和抵御外界的冲击、保持其主要特征和功能不受明显影响的能力。即当灾害发生时，韧性城市能承受冲击，快速应对、恢复，保持城市功能正常运行，并通过适应来更好地应对未来的灾害风险。

中国政府积极参与联合国"让城市具有韧性"运动。如 2017 年 6 月，中国地震局提出实施《国家地震科技创新工程》四大计划，其中就包括"韧性城乡"计划，这也是中国提出的第一个国家层面上的韧性城市建设计划。此外，一批国内城市早已开始了局部的先行先试，开展了多项关于"韧性城市"的探索实践。湖北黄石、四川德阳、浙江义乌和浙江海盐 4 座城市陆续入选"全球 100 韧性城市"。北京于 2017 年 12 月完成了《北京韧性城市规划纲要研究》，也是国内首个将"韧性城市"建设纳入城市总体规划的城市。2019 年，上海也明确提出，要在 2035 年建成韧性城市，基本实现城市安全治理体系和治理能力现代化、城市运行安全和安全生产。① 特别值得一提的是，2020 年 10 月中国共产党第十九届中央委员会第五次全体会议通过了《中共中央关于制定国民经济和社会发展第十四个五年规划和二〇三五年远景目标的建议》，其中《建议》第 31 条提出，推进以人为核心的新型城镇化，强化历史文化保护、塑造城市风貌，加强城镇老旧小区改造和社区建设，增强城市防洪排涝能力，建设海绵城市、韧性城市。②

值得一提的是，2020 年 2 月 8 日，联合国减少灾害风险办公室代表桑贾亚·巴蒂亚（Sanjaya Bhatia）在阿拉伯联合酋长国首都阿布扎比举行的第十届世界城市论坛（WUF10）上首次公布了"让城市具有韧性运动 2030"（MCR2030）提案草案。③ 他表示，

① 金成城：《"韧性城市"为何受关注》，《决策》2020 年第 4 期，第 37 页。
② 《中共中央关于制定国民经济和社会发展第十四个五年规划和二〇三五年远景目标的建议》，央视新闻网，2020 年 11 月 3 日，http：//news. cnr. cn/native/gd/20201103/t20201103_ 525318585. shtml。
③ 联合国减少灾害风险办公室：《"城市抗灾运动 2030"在世界城市论坛上亮相》，中国国家应急广播网，http：//www. cneb. gov. cn/gjjz/［2020 - 02 - 13］。

MCR2030 作为 MCR 活动的后续项目，将致力于在 2020～2030 年加快地方一级的抗灾能力建设，使城市走上抗灾之路，到 2030 年实现《仙台减灾框架》《新城市议程》《巴黎协定》和《2030 年可持续发展议程》目标。据统计，截至 2020 年 10 月，全球已有 4300 多个城市参与到该项运动中，代表着全球城市中 10 多亿人口。

由联合国减少灾害风险办公室及其合作伙伴倡议的"让城市具有韧性 2030"运动于 2021 年 1 月正式启动。MCR2030 旨在提高城市规划、执行和监测减少灾害风险的能力。那么，为什么要继续提高城市（地方）一级抗灾能力？因为城市处于灾害的最前线，是整个灾害风险管理周期的关键参与者。建设有韧性的城市意味着城市系统能够准备、响应特定的多重威胁并从中恢复，还能将其对公共安全和经济的影响降至最低。具体讲，MCR2030 提供了一份城市路线图，要求城市领导者在一段时间内对如何提高当地的灾后恢复力做出明确的承诺；一套工具和知识指导，帮助城市了解如何更好地降低风险和更具韧性；一个能够分享经验和改变脆弱性的区域合作伙伴网络；一个在线登记册，能够记录、监测和评估城市的进度，寻找专业服务提供商，为城市实施减少灾害风险提供支持。此外，MCR2030 将城市减少灾害风险和建设韧性城市比喻为一段旅程，并编制了 A、B、C 三个阶段的"韧性城市路线图"，它将指导城市如何随着时间的推移不断提高抗灾能力，以确保到 2030 年成为包容、安全、有韧性和可持续性的城市。

三个阶段具体介绍如下。A 阶段：推进城市认识。其重点是加强城市对降低风险和抗灾能力的认识，即城市要致力于制定和实施减少灾害风险战略，让城市的管理者和公众参与到城市计划中来，从而提高对建设韧性城市的广泛理解。B 阶段：城市规划得更好。

B 阶段将侧重于提高城市的评估和诊断技能，要求各城市必须在总体规划中嵌入"加强城市应对灾害的能力和提高城市韧性"等相关风险信息，并强调地方战略与国家战略的一致性。具体而言，一是改进风险分析。城市需要利用风险分析工具全面了解局部风险和建设韧性城市的差距，并让所有利益攸关方了解风险，做好应对风险挑战的周全准备。二是提高诊断技能。韧性城市建设简单地说，就是对城市进行"体检"，再有针对性地改善"体质"，从而帮助城市适应各种慢性压力和急性冲击。换言之，如果不对城市的历史灾情和潜在风险进行科学评估，就不可能制定出创建韧性城市的适应性战略。城市需要利用城市韧性分析工具（CRPT）、城市抗灾能力记分卡（Score card）以及城市扫描工具等，诊断其特定的脆弱性风险以及其他风险变数。三是战略规划的执行。当地减少灾害风险战略和韧性城市战略需要确保筹资来源，并应得到地方政府立法部门的认可，以确保战略规划的连续性和科学性。C 阶段：城市实施得更好。C 阶段侧重于支持城市实施降低风险和提高抗灾能力的行动。已经通过《城市可持续发展 韧性城市指标》（ISO37123）验收的可持续城市和社区将自动加入这一阶段。具体做法，一是增加获得资金的机会。MCR2030 将加强地方政府开发银行可担保项目的能力，为关键的减少灾害风险和韧性战略行动提供资金。二是增强基础设施"韧性"。城市的抗灾能力在很大程度上取决于其基础设施是否具有抵御灾害风险的能力。因此必须确保对关键基础设施的投资。三是将气候风险纳入战略计划。随着全球气候灾害的蔓延，城市规划者需要大学、研究机构和科学家的支持，以了解未来的气候变化，并将气候风险预测纳入灾害风险预测和韧性战略计划。

二 国际减少自然灾害日

国际减少自然灾害日（International Day for Natural Disaster Reduction，IDDRR）的设立可以追溯到 1987 年。1987 年 12 月，第 42 届联合国大会通过第 169 号决议，决定将自 1990 年开始的 20 世纪最后十年定为"国际减轻自然灾害十年"。1989 年 12 月 22 日，第 44 届联合国大会通过了经济及社会理事会关于国际减轻自然灾害十年的报告（第 44/236 号决议），指定每年 10 月的第二个星期三为国际减少自然灾害日，简称"国际减灾日"。所谓"减少自然灾害"，一般是指降低由潜在的自然灾害可能造成对社会及环境影响的程度，即最大限度地减少人员伤亡和财产损失，使公众的社会和经济结构在灾害中受到的破坏得以降低到最低程度。国际减灾日的设立旨在透过一致的国际行动，唤起国际社会对防灾减灾工作的重视，敦促各地区和各国政府把减少自然灾害作为工作计划的一部分，推动国家和国际社会采取各种措施以减少各种灾害的影响。特别是在发展中国家，减少由地震、风灾、海啸、水灾、土崩、火山爆发、森林大火、蚱蜢和蝗虫、旱灾和沙漠化以及其他自然灾害所造成的人员伤亡和财产损失。目标是增进每个国家迅速有效地减少自然灾害影响的能力，特别注意帮助有此需要的发展中国家设立预警系统和抗灾结构；考虑到各国文化和经济情况不同，制定利用现有科技知识的适当方针和策略；鼓励各种科学和工艺技术致力于填补知识方面的重点空白点；传播、评价、预测与减少自然灾害措施有关的现有技术资料和新技术资料；通过技术援助与技术转让、示范项目、教育和培训等方案来发展评价、预测和减少自然灾害的措施，并评价这些方案和效力。国际减轻自然灾害十年活动结束后，第 54 届联合国大会于 1999 年 11 月通过第 219 号决议，决定从 2000 年开始，在全球范围内开展"国际减灾战略"行动，并继续在 10 月第二个星期三开展国际减少灾害日（The International Day for Disaster Reduction）活动。值得注意的是，此时的英文表述已经没有了"Natural（自然）"二字，这反映了人们对灾害的形成有了进一步的认知：灾害的形成既有自然因素（hazard，致灾因子），也有人为因素（vulnerability，脆弱性），即灾害风险和社会发展的紧密关系。[①] 2009 年 12 月 21 日，联合国将纪念日期改为 10 月 13 日，此后每年的这一天都会举行不同主题的国际减少灾害日纪念活动，旨在进一步提高公众对减少灾害风险的认识，促进减灾文化的形成。每年国际减灾日的主题，都是由联合国国际减轻自然灾害十年秘书处（后改为联合国国际减灾战略秘书处）、联合国减少灾害风险办公室根据联合国减灾活动的进程和工作的重点发布。

比如 2019 年国际减灾日的主题是"加强韧性能力建设，提高灾害防治水平"。该主题是联合国减少灾害风险办公室为继续落实《仙台减灾框架》7 个具体目标中的（D）目标（到 2030 年，通过提高抗灾能力等办法，大幅减少灾害对重要基础设施以及基础服务包括卫生和教育设施的破坏）而确定的，旨在通过加强基层综合减灾能力建设，加大防灾减灾科普宣传力度，提升学校、医院、居民住房、基础设施等设防水平，切实增强全社会抵御灾害的韧性能力。

---

① 阚凤敏：《联合国引领国际减灾三十年：从灾害管理到灾害风险管理（1990–2019 年）》，《中国减灾》2020 年第 5 期，第 56 页。

截至 2020 年 10 月 13 日，全世界已经举行过 30 次国际减灾日活动。2020 年是不平凡的一年，一场突如其来的新冠肺炎疫情夺去了成千上万人的生命。2020 年 9 月 4 日联合国减少灾害风险办公室宣布，2020 年 10 月 13 日国际减少灾害风险日的主题定为"提高灾害风险治理能力"。联合国秘书长减灾事务特别代表水鸟真美表示："我们从 21 世纪以来最严重的一次灾害中吸取了教训，如果我们不加强灾害风险治理，以应对生存遇到的危机，我们注定要重蹈过去 8 个月的覆辙。过去 8 个月，许多人失去了生命，数百万人失去了健康，经济和社会福祉受到了损害。""2020 年'国际减少灾害日'的主题为灾害风险治理。人们可以在挽救生命，减少受灾人数和减少经济损失等方面衡量更好的灾害风险管理方法。新冠肺炎疫情和气候灾害告诉我们，我们需要一个清晰的目标愿景、计划以及能够根据科学证据为公共利益采取行动的主管机构。""这要求联合国会员国按照 2015 年通过《仙台减灾框架》时商定的计划，在 2020 年年底前制定国家和地方减少灾害风险战略。我们希望看到的不仅是应对洪水和风暴等单一性灾害的战略，更是应对人畜共患疾病、气候冲击和环境破坏所造成的系统性灾害的战略。""良好的国家和地方层面的减少灾害风险战略必须覆盖土地使用、建筑法规、公共卫生、教育、农业、环境保护、能源、水资源、减贫以及适应气候变化等多领域。""如果我们想要给后代留下一个更具复原力的星球，那么是时候提高我们的治理水平了。"①

---

① Denis McClean, "COVID－19 and the climate emergency tell us all we need to know about disaster risk governance," https：//www. undrr. org/news/covid－19－and－climate－emergency－tell－us－all－we－need－know－about－disaster－risk－governance ［2020－09－04］.

附：历年国际减少自然灾害日和国际减少灾害日主题

1991 年：减灾、发展、环境——为了一个目标。

1992 年：减少自然灾害与持续发展。

1993 年：减少自然灾害的损失，要特别注意学校和医院。

1994 年：确定受灾害威胁的地区和易受灾害损失的地区——为了更加安全的 21 世纪。

1995 年：妇女和儿童——预防的关键。

1996 年：城市化与灾害。

1997 年：水：太多、太少——都会酿成自然灾害。

1998 年：防灾与媒体——防灾从信息开始。

1999 年：减灾的效益——科学技术在灾害防御中保护了生命和财产安全。

2000 年：防灾、教育和青年——特别关注森林火灾。

2001 年：抵御灾害，减少易损性。

2002 年：减灾促进山区可持续发展。

2003 年：与风险共存——扭转灾害趋势走向可持续发展。

2004 年：了解今日灾害，为了明天平安。

2005 年：利用小额信贷和安全网络，提高抗灾能力。

2006 年：减灾始于学校。

2007 年：防灾、教育和青年。

2008 年：减少灾害风险，确保医院安全。

2009 年：让灾害远离医院。

2010 年：建设具有韧性的城市：让我们做好准备！

2011 年：让儿童和青年成为减少灾害风险合作伙伴。

2012 年：女性——抵御灾害的无形力量。

2013 年：面临灾害风险的残疾人士。

2014 年：提升抗灾能力就是拯救生命——老年人与减灾。

2015 年：掌握防灾减灾知识，保护生命安全。

2016 年：用生命呼吁增强减灾意识，减少人员伤亡。

2017 年：建设安全家园，远离灾害，减少损失。

2018 年：减少自然灾害损失，创建美好生活。

2019 年：加强韧性能力建设，提高灾害防治水平。

2020 年：提高灾害风险治理能力。

三　世界海啸意识日

海啸是一种毁灭性的自然灾害，对人类生命和可持续发展投资构成巨大威胁。联合国减少灾害风险办公室提供的数据显示，在 1998 ~ 2017 年的 20 年中，海啸导致 25 万 1770 人死亡，有记载的经济损失为 2800 亿美元。同期，地震与海啸造成的总经济损失为 6615 亿美元。如 2004 年 12 月 26 日，印尼苏门答腊岛附近海域发生 9.3 级强烈地震并引发海啸。海啸激起的海潮最高超过 30 米，波及印尼、泰国、缅甸、马来西亚、印度等多国，甚至影响到索马里、肯尼亚等东非国家。这次大海啸共造成约 29 万人死亡或失踪、超过 100 万人无家可归，经济损失超过 100 亿美元。又如，2011 年 3 月 11 日，日本东北部发生里氏 9.0 级强烈地震并引发海啸，海啸以每小时 800 公里的速度席卷日本东海岸，高达 10 米的海浪造成超过 15000 人死亡。目前，全球有数亿人生活在海啸多发地区，而每年用于沿海地区基础设施的投资需要数万亿美元，因此人类需要从根本上重新认识如何应对海啸风险，需要以一种有韧性的建设方

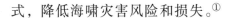

式，降低海啸灾害风险和损失。[①]

2015 年 12 月 22 日，第 70 届联合国大会通过 203 号决议（70/203 号决议），决定接受日本、智利等 140 多个国家的联合提案，将每年的 11 月 5 日定为世界海啸意识日（World Tsunami Awareness Day，简称 WTAD）。该决议案指出，联合国把减少自然灾害损失确定为新的目标之一，因此采取有关措施完善各国海啸预警系统，提高各国对海啸的防范意识至关重要。值得一提的是，世界海啸意识日选择 11 月 5 日是因为日本在 1854 年的同一天（农历）发生"安政南海地震"，当时的一名商人滨口梧陵借着点燃稻草堆，引导村民逃往高处，成功逃过海啸的袭击，并留下"稻草之火"的故事。

2016 年 11 月 5 日是首个"世界海啸意识日"，而当日正值第七届亚洲减灾部长级会议（AMCDRR）闭幕式，为此联合国减少灾害风险办公室在第七届亚洲减灾部长级会议期间举行了一次专门讨论海啸灾害风险的特别会议，以此纪念世界海啸意识日。

2019 年 11 月 5 日是联合国减少灾害风险办公室继 2016 年通过联合国大会决议后，第 4 次组织世界海啸意识日活动。这一天，来自 2019 年日本世界海啸日高中生峰会的 150 多名政府代表、学术界人士和年少参与者共同参加在纽约联合国总部举办的世界海啸意识日纪念活动，并就降低海啸风险的创新解决方案进行了讨论。联合国秘书长减灾事务特别代表、联合国减少灾害风险办公室负责人水鸟真美在开幕致辞中说："海啸是所有灾害中最致命、代价最大的。几分钟之内，它们就把几十年的发展投资都抹去了。然而，当

---

① United Nations Office for Disaster Risk Reduction-New York UNHQ Liaison Office, 2019 World Tsunami Awareness Day, https://www.undrr.org/event/2019 – world – tsunami – awareness – day.

应用减少灾害风险策略时，有证据表明它是十分有效的，即使是面对海啸。"她接着补充道："风险导向型规划，即限制人们在安全区的建设范围，确保预警系统到位，确保人们知道该做什么，并建立基础设施，使其经久耐用，这是至关重要的。"联合国大会第74届会议主席蒂贾尼·穆罕默德·班迪（Tijjani Muhammad-Bande）在致辞中敦促会员国制定减少灾害风险战略，以加快可持续发展目标的执行进度。他说："我支持95个会员国制定国家和地方减灾战略，同时呼吁所有尚未这样做的会员国在决策进程中将其纳入利益攸关方，包括民间社会，以确保社区特别是妇女和青年的需要能得到满足。"开幕式之后，联合国减少灾害风险办公室首席沟通官史蒂芬妮·斯贝克（Stephanie Speck）主持了一场讨论，成员包括政府代表和2019年世界海啸日高中生峰会的年少参与者。印度尼西亚国家灾害管理局系统和战略部副部长维斯努·维贾亚（Wisnu Widjaja）向观众介绍了2018年9月帕卢（Palu）海啸和2018年12月喀拉喀托（Krakatau）海啸的经验教训，并推广了一系列新的信息工具，其中包括一种新的印尼风险信息系统，它可以显示多种危害风险评估，更好地监测印度尼西亚的风险。智利的尼古拉斯·莫加多·马尔多纳多（Nicolas Morgado Maldonado）参加了世界海啸日高中生峰会，他说，他从日本的峰会中学到了很多东西，他将与本国的年轻人密切合作，进一步提高减少灾害风险的意识。纽约帕森斯建筑环境学院院长、纽约新学院建筑与产品设计教授罗伯特·柯克布莱德（Robert Kirkbride）介绍了一系列旨在提高未来建筑师对城市抗灾能力认识的举措，如"地球手册项目"和"失落家园模型修复项目"。

水鸟真美女士在总结发言中指出，"风险依然巨大，减少灾害风险是每个人的事。我们不能忘记，这就是为什么，我们每年都有一个世界海啸意识日。正如联合国秘书长所说，我们现在已进入十年行动的关键期。所有国家都必须采取行动，确保制定减少灾害风险的国家战略，以减少多种灾害风险"。①

除此之外，每年在纪念世界海啸意识日之际，还要颁发以滨口梧陵的名字命名的"滨口奖"，以表彰那些为提高沿海社区抵御海啸、风暴潮和其他沿海灾害的能力做出重大贡献的个人或组织。2020年11月4日在日本东京举行了2020年度"滨口奖"颁奖典礼，国际灾害科学研究所所长、日本东北大学海啸工程学教授今村文彦（Fumihiko Imamura），美国南加州大学土木工程教授科斯塔斯·西诺拉吉斯（Costas Synolakis）以及印度尼西亚亚齐海啸博物馆获奖。②

四　联合国笹川减少灾害奖

联合国笹川减少灾害奖（UN Sasakawa Award for Disaster Reduction）是日本基金会创始人笹川良一（Ryoichi Sasakawa）先生于1986年创立的奖项（当初的名称为联合国笹川预防灾害奖，UN Sasakawa Award for Disaster Prevention）。设立该奖的宗旨是：促进以有效减少自然灾害或其他紧急事件造成的危害和生命财产损失为目

---

① 联合国减少灾害风险办公室纽约总部联络处：《提高跨代抗灾能力：世界海啸日》，中国国家应急广播网，http：//www.cneb.gov.cn/2019/11/10/ARTI1573386165397676.shtml。

② Japan celebrates the achievements of pioneers in tsunami risk reduction, https：//www.undrr.org/news/japan – celebrates – achievements – pioneers – tsunami – risk – reduction ［2020 – 11 – 22］. 中国国际减灾十年委员会办公室：《我国减灾工作成绩斐然得到国际社会充分肯定——多吉才让部长、王昂生教授荣获联合国防灾奖》，《中国减灾》1998年第4期，第13页。

的的人道主义活动和科学研究，并将科研成果运用到政策制定和防灾实践中。该奖授予在防灾领域中具有杰出成就的人员。其目的是推进人道主义事业，援助易损社区，使他们能更好地从自然灾害的影响中得到恢复。联合国笹川减少灾害奖先后由联合国人道主义事务部、联合国减灾十年委员会秘书处管理，现由联合国减少灾害风险办公室和日本基金会共同组织管理。该奖由世界各国提出候选人，然后由联合国减少灾害风险办公室组织的专家评审团多轮筛选，最后确定一位获奖者或机构。该项奖设奖金 5 万美元，从 1987 年至 2005 年每年评选一次。自 2006 年起改为两年评选一次。例如，2019 年 5 月 8 日，在瑞士日内瓦举行的第六届全球减少灾害风险平台大会上，水鸟真美女士将 2019 年度"联合国笹川减灾奖"的水晶奖杯颁发给巴西坎皮纳斯民防部、印度妇女住房服务信托基金和印度总理首席秘书普拉莫德·库马尔·米什拉（Pramod Kumar Mishra），表彰他们为保护脆弱社区免受灾害风险威胁的创新举措。

值得一提的是，1998 年 10 月 14 日，时任中国国际减灾十年委员会副主任、民政部部长多吉才让和中国科学院减灾中心主任、中国国际减灾十年委员会专家组组长王昂生教授在日内瓦同时获得 1998 年度"联合国笹川防灾奖"。[①] 1998 年为竞争这一奖项，各国共推荐了 50 名候选人。中国推荐了民政部部长多吉才让和中国科学院减灾中心主任王昂生教授参加该奖的评选。评审团经过认真筛选，认为中国的候选人一位是防灾领域的政策制定者和实践者，另一位是在防灾领域做出突出成绩的科学家，充分体现了设置该奖的

---

① 中国国际减灾十年委员会办公室：《我国减灾工作成绩斐然得到国际社会充分肯定——多吉才让部长、王昂生教授荣获联合国防灾奖》，《中国减灾》1998 年 11 月，第 13 页。

初衷，因此决定把 1998 年度奖授予多吉才让和王昂生。1998 年 10
月 14 日是世界减灾日，上午 11 时各国记者云集联合国万国宫新闻
厅，联合国减灾十年委员会秘书处菲利普·布鲁主任向全球宣布了
获奖结果，并介绍了两位获奖人。多吉才让和王昂生发表了简短讲
话，并回答了记者的提问。18 时 30 分，隆重的颁奖仪式开始举行，
联合国副秘书长德梅罗宣布他代表安南秘书长将 1998 年度"联合
国笹川防灾奖"授予中国的多吉才让和王昂生，两位获奖者在世人
面前把水晶奖杯高高地举起。[①] 这是中国政府官员和科学家首次获
得此项殊荣，表明中国的减灾工作和减灾研究取得的巨大成就，特
别是 1998 年中国抗洪救灾所取得的重大胜利得到了联合国和国际
社会的充分肯定。

附：联合国笹川减少灾害奖历年获奖者名单

1987 年　K. 巴拉（斐济）

1988 年　亚太经社理事会台风委员会（菲律宾）

1989 年　救援及恢复委员会（埃塞俄比亚）

1990 年　J. 库洛依瓦（秘鲁）

1991 年　F. 巴伯利（意大利）

1992 年　国家工业大学地球物理研究所（厄瓜多尔）

1993 年　V. 卡尼克（捷克）

1994 年　国家紧急事务委员会（哥斯达黎加）

1995 年　无

1996 年　I. 戴维斯（英国）

---

① 罗新：《联合国笹川防灾奖》，《中国民政》1999 年第 1 期，第 46 页。

1997 年　A. S. 阿里亚（印度）

1998 年　多吉才让（中国）

　　　　　王昂生（中国）

1999 年　M. 厄迪克（土耳其）

2000 年　咖啡生产地区重建和社会发展基金（哥伦比亚）

2001 年　德国弗莱堡大学马克斯·普朗克化学研究所全球火灾监测
　　　　　中心（GFMC）

2002 年　谢尔盖·巴拉桑尼安（亚美尼亚）

2003 年　以斯·帖泰宗（喀麦隆）

2004 年　奥马尔·达里奥·卡多纳（哥伦比亚）

2005 年　奇美多尔杰·巴图伦（蒙古）

2007 年　河田惠昭（日本）

　　　　　托尼·吉布斯（格林纳达和巴巴多斯）

2009 年　埃科·特格·帕里普诺（印度尼西亚）

2011 年　圣达菲（阿根廷）

　　　　　北温哥华（加拿大）

2013 年　贝洛奥里藏特（巴西）

　　　　　孟加拉国全国减少风险和应对倡议联盟（NARRI）

2015 年　艾伦·拉维尔（英国）

2017 年　阿马多拉（葡萄牙）

　　　　　伊朗发展、革新和装备学校组织（DRES）

2019 年　巴西坎皮纳斯民防部

　　　　　印度妇女住房服务信托基金

　　　　　普拉莫德·库马尔·米什拉（印度）

五　联合国风险奖

2011 年 5 月 13 日，在第三届全球减少灾害风险平台大会上，联合国减少灾害风险办公室、慕尼黑再保险基金会和达沃斯全球风险论坛（GRF）共同宣布设立联合国风险奖，旨在通过向基层减少风险和灾害管理的创新项目提供资金支持，帮助脆弱群体改进风险管理的现状，提高社区抗灾能力。该奖项每两年颁发一次，任何个人、团队或机构、政府部门都可以申请该项奖金。项目实施的 10 万欧元奖金由慕尼黑再保险基金会资助。[①]

2012 年度联合国风险奖的主题是"城市地区的早期预警"。2012 年 8 月 26 日，在由达沃斯全球风险论坛主办的第四届国际灾害与风险会议（IDRC）上，首个联合国风险奖颁给了莫桑比克贝拉市实施的一个早期洪水预警项目。该项目是一个基于水位上升激活数字接触式传感器的洪水预警报系统。据悉，该次联合国风险奖是评审团从世界各国的 38 个项目申请中遴选产生的。

2014 年度联合国风险奖侧重"最脆弱群体的灾害应急和恢复力"。2014 年 8 月，在瑞士达沃斯举行的第五届国际灾害与风险会议上，一个名为"Inclusive"（包容）的智利非政府组织获得了 2014 年度联合国风险奖。Inclusive 成立于 2010 年 2 月智利遭受毁灭性地震和海啸袭击后，因其在智利为残疾人消除建筑、文化和技术障碍而获得 10 万欧元奖金。

---

① UN Office for Disaster Risk Reduction, "Disaster Risk Reduction as conference comes to a close," https：//www. undrr. org/news/risk－award－announced－global－platform－disaster－risk－reduction－conference－comes－close［2020－07－11］.

2015 年度联合国风险奖的重点是"减少灾害风险以人为本、创新和可持续"。2015 年联合国风险奖表彰了全印度地方自治研究所的项目，即通过鼓励贫民窟妇女和儿童参与灾害管理进程，来更好地保护其社区。该项目受到浦那市 10 多个贫民窟 2.5 万居民的支持，帮助妇女发挥关键作用，保护社区免遭洪水和泥石流侵害。

2017 年度联合国风险奖侧重"减少灾害风险和灾害风险管理的创新概念和技术"。尼泊尔集中技术力量来监测健康风险的前沿计划赢得"2017 年度联合国风险奖"。尼泊尔护理协会"EpiNurse"项目（简称"流行病学相关护理"）为护士提供监测工具，以预防和控制灾害后的传染病。

2019 年 5 月 8 日，在第六届全球减少灾害风险平台大会上，联合国秘书长减灾事务特别代表水鸟真美女士和慕尼黑再保险基金会主席托马斯·洛斯特先生将 2019 年度"联合国风险奖"颁发给孟加拉国南丹·穆克吉先生，表彰他为孟加拉国发生洪水的河流流域和三角洲的居民设计了水上浮动房屋这一创新减灾产品。这个项目在考虑减少洪水风险的同时，切实解决水上浮动房屋的安全问题，采用生态循环技术，可以让一个六口之家在洪水中生存下来。

第八章

认识灾害风险 掌握减灾知识

为进一步推动全球防灾减灾文化建设，增强公众防灾减灾意识，分享各国减灾经验和成果，联合国减少灾害风险办公室通过各种出版物、全球防灾减灾预防网、微信、微博、视频、专题培训以及线上线下各种公众喜闻乐见的形式传播预防灾害风险知识，逐步形成了以"国际减少自然灾害日"为中心的防灾文化活动。

一 联合国减少灾害风险办公室主要出版物

1. 《全球减少灾害风险评估报告（2019）》（Global Assessment Report on Disaster Risk Reduction，GAR）

《全球减少灾害风险评估报告》（GAR）是由联合国减少灾害风险办公室组织各国政府、学术研究机构、社会团体、私营企业等参与撰写的旗舰出版物，该报告每两年发布一次。2009年，具有里程碑意义的第一版《全球减少灾害风险评估报告：气候变化中的风险和贫穷》问世。这是第一份全球减灾风险评估报告，该报告对发展中国家低强度广布型风险做了具体评估，对灾害频发国家执行《兵库行动框架》的进展情况做了综合评估。2019年5月13～17

日，联合国减少灾害风险办公室在瑞士日内瓦举行的第六届全球减少灾害风险平台（GP2019）大会上发布了《全球减少灾害风险评估报告（2019）》。作为综合评估全球灾害风险的权威成果，该报告在参考和使用《监测〈2015－2030年仙台减少灾害风险框架〉的实施情况》最新数据的基础上，全面展示各国在执行《仙台减灾框架》以及《2030年可持续发展议程》等方面取得的进展，梳理和总结了《仙台减灾框架》自实施以来全球防灾减灾工作面临的机遇和挑战，指出"低收入国家和高收入国家之间仍然存在严重的不平等，最低收入国家承担的灾害相对成本最大。小岛屿发展中国家是灾害防治和应对气候变化、融资和灾后恢复能力最弱的国家，相对于国内生产总值而言，人的损失和资产损失往往更高"。此外，该报告在评估全球灾害风险趋势的同时，强调提供创新性研究方法和知识的重要性，以增进对灾害风险的了解，进而提高减少风险的能力。报告提出以构建和完善可持续性和包容性的社会来增强和扩大防灾减灾工作的参与面和受众面，以便进一步整合社会各界力量来推动防灾减灾工作的开展。该报告附有丰富的灾害风险统计数据，为各国编制防灾减灾规划以及制定科学合理的政策措施提供支撑。

《全球减少灾害风险评估报告（2019）》由15章构成，各章节构成如下：第一章我们现在是怎么做到的；第二章系统性风险、《仙台减灾框架》和《2030年可持续发展议程》；第三章风险；第四章变革的机遇与动力；第五章变革的挑战；第六章干旱专题；第七章《2030年可持续发展议程》中的风险降低；第八章实现《仙台减灾框架》全球目标的进展；第九章审查会员国为制定仙台框架所做的努力；第十章综合减少风险的区域支持与国家扶持环境；第十一章国家和地方减少灾害风险的战略和计划；第十二章将减少灾害风险纳入发展规划和预算编制；第十三章减少灾害风险与国家气候适应战略和计划的结合；第十四章城市地方减灾战略与规划；第十五章脆弱性和复杂风险背景下的减少灾害风险战略。

2.《2019 年度报告》（Annual Report 2019）

《2019 年度报告》由联合国减少灾害风险办公室编辑出版。该书作为年度分析报告，面向全世界发行。《2019 年度报告》概述了联合国减少灾害风险办公室实施《2016－2021 年减灾战略框架》以来所取得的成果。具体为三个战略目标和两个促成因素：战略目标 1 是加强仙台框架实施的全球监测、分析和协调；战略目标 2 是支持区域和国家实施《仙台减灾框架》；战略目标 3 是成员国和合作伙伴的行动；促成因素 1 是有效的知识管理、交流和全球宣传；促成因素 2 是加强组织绩效。此外，《2019 年度报告》还强调了成员国在监测《2015－2030 年仙台减少灾害风险框架》即全球减少灾害损失计划实施方面取得的重大进展。报告介绍了2019 年度的几个亮点：有 81 个会员国和观察员国制定了国家减少灾害风险战略；有 130 个成员国使用仙台框架监控系统；有来自36 个国家的 237 个地方政府完成了灾后重建记分卡的自我评估；有 4311 个城市参与了"城市抗灾运动"；联合国减少灾害风险办公室已经培训了 4087 名政府官员和利益相关者，其中 39% 是妇女。《2019 年度报告》由于具有内容翔实、资料完整、数据权威的特点，成为各界人士了解全球灾害治理的权威工具书，同时也是各国掌握灾害风险信息、了解国际减灾合作、指导防灾减灾工作的重要参考文献。

3. 《监测〈2015 – 2030 年仙台减少灾害风险框架〉的实施情况：2018 年报告概要》（Monitoring the Implementation of Sendai Framework for Disaster Risk Reduction 2015 – 2030：A Snapshot of Reporting for 2018）

本报告概述了会员国监测执行《仙台减灾框架》的情况。这是仙台减灾框架监测器（Sendai Framework Monitor，SFM）自 2018 年 3 月发布以来，在大约 18 个月后首次对会员国提交的数据进行分析，这些数据是仙台框架全球指标体系的一部分，由 7 个目标和 38 个指标组成。本报告所涵盖的实际报告年度为 2018 年，但尽可能与 2017 年的信息进行比较。报告主要包括在仙台减灾框架监测器下报告和验证信息的情况，概述了有多少国家正在启动这一正式的与灾害统计相关的数据汇编程序，就一项或多项目标和指标提出报告，从收到最多数据的角度来观察哪些指标受到会员国的欢迎。该报告指出，借助仙台减灾框架监测器能使各国系统地报告其灾害损失，包括死亡率、受灾人数、经济损失和关键基础设施的破坏。此外，已有 80 个国家报告制定了国家减少灾害风险战略，因此，该报告根据《仙台减灾框架》提供的指标体系对这些国家制定的"国家减灾战略"进行了评估，并重点分析了各国多重分级灾害预警系统和风险信息评估机制。在有关发展中国家实施国际合作方面，该报告强调支援国对受援国的支持不仅体现在财政方面，更重要的是通过技术转让等方式提高发展中国家防灾减灾的能力建设。

4. 《仙台框架自愿承诺：综合分析报告》（Sendai Framework Voluntary Commitments：Synthesis and Analysis Report）

2015 年世界减少灾害风险大会通过的《仙台减灾框架》确定了国家的主要责任，也强调了利益相关者对减少灾害风险的共同责任，同时呼吁地方政府、国家、区域和全球各级利益相关方根据减少灾害风险战略和计划做出具体和有时限的自愿承诺，以确保《仙台减灾框架》的顺利实施。2018 年 12 月，联合国减少灾害风险办公室启动了《仙台减灾框架》自愿承诺（SFVC）在线平台，主要目的是鼓励私营部门、民间社会、学术界、媒体、地方政府等不同背景的个人及社会组织积极投入到抗灾减灾的活动中。这一新的自愿承诺系统是一个非常有效、易于理解的工具，它不仅随时提醒参与者的承诺和可交付的成果，还使全社会有机会在区域和全球范围内广泛分享防灾减灾工作的做法和经验。该报告综合分析了自愿承诺的重要性、自愿承诺的特点以及对实施《仙台减灾框架》的贡献。主要研究结果表明，风险投资的平均持续时间为 6.5 年，其投资范围主要集中在国家或地方层面，占比 58%。从区域分布来看，投资重点集中在亚洲地区。在参与风险投资项目的利益相关者中，非政府组织（NGO）占比 56%，其次是学术界和私营部门的利益相关者。报告还分享了对《仙台减灾框架》的具体贡献和一些好的做法。最后，报告明确了今后的挑战和下一步的行动。

5.《降低风险和建立中小企业的抗灾能力》（Reducing Risk and Building Resilience of SMEs to Disasters）

中小企业是一个国家经济和社会发展的重要基石，它对整个社会经济的发展具有不可替代的作用，它直接关系着国民经济的发展和社会的长治久安。然而，基础薄弱的中小企业面临着各种灾害风险的严峻考验。2020 年，联合国减少灾害风险办公室编辑出版了《降低风险和建立中小企业的抗灾能力》报告。该报告是联合国减少灾害风险办公室实施的一项全球调查项目报告，认为国际社会要改善人民的生活和实现经济增长就必须解决中小企业的灾害风险问题。报告对如何提高中小企业应对多重灾害的能力，通过减少灾害风险使中小企业能够长期保持可持续发展和竞争力，即帮助中小企业制定"避免危险事件的潜在不利影响"和"减少脆弱性和风险"的措施具有指导作用。报告由简介和范围、中小企业在经济中的重要性、通过减少灾害风险提高中小企业抗灾能力的关键因素以及通过减少灾害风险提高中小企业抗灾能力的建议四部分组成。附件包括关键术语、联合国减少灾害风险办公室调查结果以及中小企业资源汇编等。

二 全球防灾减灾知识共享平台预防网

联合国国际减灾战略（UNISDR）秘书处于 2007 年 11 月启用全球防灾减灾知识共享平台预防网（Prevention Web）。该网站作为联合国减灾信息管理的主要门户网站，旨在面向全球公众（包括媒体、教师以及减灾专家）提供有关防灾减灾的信息和服务。它是满足社区减灾信息需求以及了解减少灾害风险知识的新工具。目前，该网站由联合国减少灾害风险办公室（UNDRR）负责管理和维护。预防网首先是一个关于减少灾害风险的知识共享平台，内容来自全球减少灾害风险社区。在其全球数据库里拥有 45000 多个条目，其中包含来自 8000 多个组织的内容，数据库每天或每周更新信息，以跟踪减少灾害风险的最新发展趋势。网站月度访问量平均达到 9 万次，拥有接近 10000 名注册用户。发布在预防网上的资料覆盖了减少灾害风险、"灾害人道主义救援"专业人士的社区信息。预防网还是所有减灾出版物的一站式商店。用户可以选择和标记相关内容如新闻、出版物、博客文章，将它们汇集到一个集合页面上，并与他人共享。网站随时更新国际组织及各国举办有关减少灾害风险研讨会、网络研讨会以及培训课程的信息。据悉，鉴于人们对风险信息的需求量不断增加，联合国减少灾害风险办公室于 2019 年底又推出新的预防网站，为了向新的用户和平台推广减少灾害风险知识，预防网通过公共应用编程接口提供免费的数据库访问。该功能允许组织使用、发布预防网的内容以及他们自己的数据。国家或地区也可以使用该网站数据库或移动应用程序查询到各类风险信息。目前灾害风险知识平台用户量已增加到 110 万，社交媒体渠道的受众超过 1000 万。

预防网是全世界唯一专业聚焦减少灾害风险和抗灾能力建设的知识与社区平台。用户不仅可以找到有关不同风险的主题和最新信息，还可以通过发送组织的最新作品、撰写关于降低风险体验的博客或使用免费社区工作区与其他同行建立联系。

三　全球教育培训学院

联合国减少灾害风险办公室设在韩国仁川市的全球教育培训学院（Global Education and Training Institute，GETI）成立于 2010 年，该机构的宗旨是培养一支新型的减少灾害风险和适应气候变化的专业人才队伍，为确保《2015 - 2030 年仙台减少灾害风险框架》的实施以及建设韧性社会贡献智慧和力量。全球教育培训学院主要通过举办国家政府培训班和地方政府培训课程提高减少灾害风险方面的能力。培训内容包括：推进联合国减少灾害风险办公室倡导的"让城市具有韧性"运动及其后续行动、将减少灾害风险和适应气候变化纳入可持续发展的主流、学习和交流城市之间提高抗灾能力的心得体会、为致力于灾后重建问题的国家培训机构提供支持。例如，2018 年 1 月，全球教育培训学院为来自喀土穆、乌兰巴托、加德满都、达卡、危地马拉城、特古西加尔巴和圣多明各等 20 个城市的官员举办了为期四天的培训班。这些代表 5000 多万人口的城市官员围绕"提高城市抗灾能力：制定和实施减少灾害风险行动计划"这个主题，探讨落实新城市议程，《2030 年可持续发展议程》目标（11）和《仙台减灾框架》目标（E）的有效途径，为制定切合实际的减灾风险计划献策。值得一提的是，2020 年上半年，为了应对新冠肺炎疫情的影响，全球教育培训学院多次举办网络研讨会，分享各国防控新冠肺炎疫情的经验和做法。

四 《减少灾害风险术语》

联合国国际减灾战略（UNISDR）在 2004 年颁布了《术语：减少灾害风险基本词语》，其目的是规范使用与灾害相关的术语，促进形成对减少灾害风险理念的共同认识，支持政府部门、实践者和公众减少灾害风险的努力。2005 年，《兵库行动框架》要求 UNISDR："至少要用所有联合国官方工作语言更新和广泛推广有关减少灾害风险国际标准术语，并在项目、机构发展、工作、研究、培训课程及公共信息中使用。"因此，联合国国际减灾战略对 2004 年版的一些术语进行了修订和补充，并于 2009 年颁布了《减少灾害风险术语》。重新修订后的术语吸收了一些重要词语，反映了当时对减少灾害风险的认识和实践。另外，新版术语吸纳了一些近期出现的概念，虽然尚未被广泛使用，却与行业发展有关。

2015 年，第 69 届联合国大会通过决议（A69/284 号），决定设

立一个由会员国提名专家组成的不限成员名额的政府间专家工作组（OIEWG），由联合国减少灾害风险办公室（UNDRR）提供协助，酌情审议联合国减少灾害风险办公室科学和技术咨询组提出的关于更新《减少灾害风险术语》出版物的建议。2017 年，UNDRR 推出了包括阿拉伯文、中文、英文、法文、俄文和西班牙文 6 种文字的新版《减少灾害风险术语》。这是 UNDRR 与众多专家和实践者在各种国际场合讨论和国内场景磋商下的结果。每一个术语用一个完整的句子解释，术语后面的注释提供了更多的情景、适用条件和解释。

第九章

中国与联合国减少灾害风险办公室的合作

中国作为联合国安理会常任理事国，认真履行大国责任和义务，在发展自身经济的同时，本着开放合作的态度，积极参与联合国框架下减灾领域的国际合作，建立和完善国际减灾合作机制，加强国际减灾能力建设，与国际社会一起携手应对自然灾害带来的挑战，为推动建立更加安全和谐的世界做出了不懈努力。

一　中国参与全球灾害风险治理的实践

1. 广泛参与联合国减灾行动

联合国是当今世界最大、最重要、最具代表性和权威性的政府间国际组织，拥有完善的救灾组织机构和高效的运作机制，在国际防灾减灾中发挥着不可替代的核心作用。中国是世界上遭受自然灾害最严重的国家之一，灾害种类多、分布地域广、发生频率高、造成损失重。自20世纪70年代起，中国就参与了联合国减灾合作。1987年12月11日，联合国第42届大会通过169号决议，决定将20世纪的最后十年定名为"国际减轻自然灾害十年"，为此，时任联合国秘书长德奎利亚尔聘请来自五大洲24个国家的25位专家和官员组成特别国际专家组，时任中国灾害防御协会秘书长谢礼立教授受聘成为联合国特别国际专家组成员。[1] 1989 年，中国政府积极响应联合国开展"国际减灾十年"活动的号召，率先于 1989 年 4 月成立了以时任国务院副总理田纪云为主任的、由 28 个部委组成的"中国国际减灾十年委员会"[2]，开展了大量卓有成效的工作，制定了国家级的减灾规划——《中华人民共和国减灾规划（1998～2010 年）》，成为各国国家减灾委员会的一个范例；中国政府和人民在减灾中取得了突出成绩，被联合国评价为"中国是世界上开展'国际减灾十年'最好的国家之一"，为此，1998 年联合国把世界防灾减灾最高奖——"联合国笹川减灾奖"授予了中国的国际减灾十年委员会负责人和科学家。[3] 在 1990 年至今的 30 余年中，中国全面履行国际减灾的义务，编制实施了国家综合防灾减灾 3 个五年规划，出台了一系列重大方针政策，形成了符合中国国情的防灾减灾的发展道路，最大限度减少了自然灾害造成的人员伤亡和财产损失，也有效促进了国家经济社会可持续发展，取得了瞩目的成就。长期以来，中国在减灾领域与联合国减少灾害风险办公室、联合国开发计划署、联合国人道主义援助事务协调办公室、联合国亚太经社理事会、联合国世界粮食计划署、联合国粮农组织和联合国外空委等机构建立紧密型合作伙伴关系，[4] 有力促进了联合国框架下国际减灾合作的协调联动发展。

---

[1] 许厚德：《联合国通过"国际减轻自然灾害十年"提案》，《国际地震动态》1988 年第 12 期。

[2] 国务院：《国务院关于成立中国"国际减灾十年"委员会的批复》（国函〔1989〕14 号），1989 年 3 月 1 日。

[3] 《全球减灾事业的新里程碑》，《中国减灾》2000 年第 1 期，第 2 页。

[4] 徐娜：《加强减灾救灾国际合作 为减轻灾害风险而共同努力——专访国家减灾委办公室常务副主任、民政部救灾司司长、国家减灾中心主任庞陈敏》，《中国减灾》2015 年第 17 期，第 20 页。

2. 积极开展人道主义援助

在应对重特大自然灾害和人道主义危机时，中国积极发挥人道主义精神，在力所能及的范围内向需要帮助和支持的国家提供了资金和物资援助，赢得了国际社会的尊重，彰显了中国负责任的大国形象。仅在 2011～2015 年期间，中国就多次向亚洲、非洲、拉美、南太平洋等地区的国家提供救灾资金和物资援助，派出救援队、医疗队驰援受灾国家，支持国家救灾及灾后重建相关工作。例如，2011～2012 年，非洲之角和萨赫勒地区连续遭遇严重旱灾，中国先后三次向埃塞俄比亚、肯尼亚、吉布提、索马里等非洲之角国家提供了价值总计 4.4 亿元人民币的紧急粮食援助，向乍得、马里、尼日尔等非洲萨赫勒地区国家提供了价值总计 7000 万元人民币的紧急粮食援助。2013～2014 年，针对菲律宾"海燕"台风灾害，中国红十字会派出了 58 人的专业救援队，调拨了价值 200 余万元人民币的救灾资金和物资。2015 年 4 月，尼泊尔发生特大地震后，中国向尼泊尔派出 400 余名救援队、医疗防疫队、防化洗消队及 600 余名武警交通救援大队官兵和专业救援队，运送约 1300 吨价值 1.5 亿元人民币的紧急救援物资，抢通、保通道路约 500 公里，并协助尼泊尔开展地震灾害损失综合评估。2015 年 7 月，塔吉克斯坦发生严重泥石流灾害，中国向塔吉克斯坦提供了价值 1000 万元人民币紧急人道主义援助和 10 万美元现汇援助。2015 年 10 月，阿富汗发生里氏 7.8 级地震并波及巴基斯坦，中国向阿富汗提供了价值 1000 万元人民币紧急人道主义物资援助和 100 万美元现汇援助，向巴基斯坦提供了 3000 万元人民币人道主义物资援助。[①] 中国救援队

---

① 《国家减灾委员会办公室发布〈"十二五"时期中国的减灾行动〉》，《中国应急管理》 2016 年第 10 期，第 47 页。

于 2018 年 8 月组建，2019 年 3 月 24 日至 4 月 4 日，赴非洲莫桑比克开展跨国救援行动，赢得了莫桑比克政府和人民的高度称赞和国际社会的普遍赞誉。中国国际救援队于 2001 年 4 月组建，截至 2019 年，他们先后赴伊朗、巴基斯坦等 10 个国家执行 13 次国际救援任务。值得一提的是，2019 年 10 月 23 日，中国救援队和中国国际救援队成功通过联合国国际重型救援队测评和复测，中国成为亚洲首个拥有两支获得联合国认证的国际重型救援队的国家。联合国人道主义事务协调办公室代表拉梅什·拉杰辛汗表示，期待中国救援队和中国国际救援队在国际人道主义救援行动中发挥更大的作用。[1]

3. 务实推进区域减灾合作

目前，中国政府参与多个框架下的减灾救灾国际合作，呈现出全方位、多层次、宽领域的良好态势，中国在国际减灾救灾舞台上的话语权、影响力和国际地位得到极大提升，通过主办和参加国际会议、开展项目合作、进行技术交流、举办培训班、联合演练等方式，不仅提高自身的综合防灾减灾能力，也为提升有关国家的减灾能力做出了自己的贡献。[2] 中国积极参与区域、次区域减灾合作，以亚太经合组织（APEC）、中国－东盟（10＋1）、东亚峰会（EAS）、中日韩合作、中俄印合作、东盟地区论坛（ARF）、上海合作组织（SCO）、湄公河委员会（MRC）等区域、次区域合作机制为依托，积极响应区域机制框架下的防灾减灾合作倡议，开展防灾减灾务实合作。例如，2014 年 8 月，中国云南鲁甸发生 6.5 级地

①　《我国两支重型救援队通过联合国测评复测》，《人民日报》，2019 年 10 月 24 日，第 11 版。
②　国家减灾委办公室：《减灾的国际合作》，《中国减灾》2016 年第 23 期，第 24 页。

震后，第八届 APEC 灾害管理高官论坛在北京召开，与会者一致认为须更紧密合作，减少救灾及灾后重建工作人员及物资跨境流通中断的现象，并确保全球生产与供应链对区域内各经济体及全球安全发挥重要作用。又如，东盟地区论坛每年召开一次救灾会间会，中国始终积极参与论坛合作的各个进程，承办了 30 多个合作项目，主办了 2006 年 9 月第 6 届东盟地区论坛救灾会间会，会上通过的《ARF 救灾合作指导原则》成为首份规范亚太地区救灾合作文件，影响深远。此外，中国主办或参加了亚洲部长级减灾大会、上合组织成员国紧急救灾部门领导人会议、亚太经合组织灾害管理高官论坛、中日韩灾害管理部门部长级会议、上合组织成员国联合救灾演练、东盟地区论坛救灾演练等重要救灾会议和活动。2013 年，中国政府宣布向东盟提供 5000 万元人民币无偿援助，协助东盟落实《灾害管理与应急响应协议》。①

二　携手推动国际减灾事业

1. 在世界及亚太区域层面的合作发展

自 2005 年以来，中国政府与联合国减少灾害风险办公室就开始密切合作，建立了良好的合作关系。中国政府高度重视联合国减少灾害风险办公室在推动国际减灾事业发展中的地位，始终支持联合国减少灾害风险办公室在组织、协调国际减灾事务中发挥积极作用，积极参与联合国减少灾害风险办公室开展的各项活动以及双

---

① 《东盟灾害管理高级别研讨会在雅加达举行》，人民网，http://news.china.com.cn/live/2020－02/28/content_ 725181. htm。

边、多边合作平台会议。首先，中国与联合国减少灾害风险办公室一起推进亚洲各国减灾交流合作。作为亚洲大国，中国不遗余力地推动亚洲减灾合作平台建设。2005年9月，中国发起并与联合国减少灾害风险办公室在北京共同主办"首届亚洲减少灾害风险部长级会议"，会议通过的《亚洲减少灾害风险北京行动计划》为亚洲各国加强减灾合作奠定了基础，并推动了《2007年亚洲减少灾害风险德里宣言》《2008年亚洲减少灾害风险吉隆坡宣言》《亚太2010年减少灾害风险仁川宣言》《亚太地区通过适应气候变化减少灾害风险仁川区域路线图》《亚太2012年减少灾害风险日惹宣言》《亚太2014年减少灾害风险曼谷宣言》《德里宣言》《乌兰巴托宣言》等一系列重要文件的签署。其次，中国代表团参加了由联合国减少灾害风险办公室举办的历届联合国世界减少灾害大会和全球减少灾害风险平台大会，并在大会上发出中国声音，提出中国主张，分享中国在减少灾害风险方面的有益经验，为推进联合国框架下的国际减灾合作和建设贡献了中国智慧。再次，中国政府高度重视《仙台减灾框架》的落实工作。中国作为《仙台减灾框架》的主要倡导国家，采取了一系列有效措施，积极响应《仙台减灾框架》有关目标的推进。（1）推进防灾减灾救灾体制改革，2018年3月中国政府设立应急管理部，明确了防灾和救灾之间的关系；（2）在国家和地方两级制定和执行了五年减灾计划，试图通过加强减灾基础设施、应用科学技术、宣传和培训，提高社会在发生灾害时的综合预防能力；（3）从2019年初开始开展灾害风险调查、重大隐患识别治理等活动，力争在三年内解决灾害防治中的重大短板和薄弱环节；（4）科学有效应对各种特大自然灾害，大力支持灾后重建。最后，中国与联合国在减灾领域合作主要围绕国际减灾战略展开，中国每年向联合国减少灾害风险办公室提供 30 万美元捐款。中国还是联合国中央紧急应对基金创始捐助国之一，自 2007 年起每年捐款 50 万美元，[①] 2019 年达到 60 万美元。[②]

2. 联合国减少灾害风险办公室高度重视中国防灾减灾事业

联合国减少灾害风险办公室一直十分重视和支持中国防灾减灾工作，对中国减灾事业取得的成绩给予充分肯定，多位联合国秘书长减灾事务特别代表访问中国，就推进中国防灾减灾救灾事业以及国际合作进行交流和磋商。例如，2008 年 1 月，我国南方部分地区遭遇罕见的严重冰雪灾害。2 月 6 日，时任联合国国际减灾战略秘书处主任萨尔瓦诺·布里塞尼奥（Salvano Briceño）博士在日内瓦发表的一份声明中赞扬中国政府为抗击雨雪冰冻灾害而采取的迅速而有效的行动，认为中国的抗灾行动值得其他国家学习。他说："中国部分地区最近遭遇了 50 年来最严重的冰雪灾害，面对自然灾害，中国政府迅速启动应急计划，并积极调配国家资源，以满足上亿受灾民众的需求，'世界各国政府都可以学习中国政府的做法'。"[③] 又如，2009 年 4 月 20 日，科技部副部长在北京会见联合国减灾事务助理秘书长玛格丽特·瓦尔斯特伦（Margareta Wahlström）女士一行，并向瓦尔斯特伦女士介绍了中国政府的减灾体系、科技部的星火计划等情况。瓦尔斯特伦女士介绍了联合国减灾战略及

---

① 外交部国际经济司：《外交部："减灾外交"推动国际防灾减灾交流合作》，《中国减灾》2014 年第 9 期，第 23 页。

② United Nations Office for Disaster Risk Reduction, *Annual Report 2019*, p. 77, https://www.undrr.org/publications。

③ 《联合国官员赞扬中国政府抗灾救灾行动迅速有效》，中国政府网，2008 年 2 月 7 日，http://www.gov.cn/jrzg/2008 - 02/07/content_ 885263. htm。

《兵库行动框架》等情况。

2014 年 3 月 14 日，联合国秘书长减灾事务特别代表玛格丽特·瓦尔斯特伦女士应邀参加中国国家减灾委和民政部主持召开的综合减灾国际合作座谈会，就联合国国际减灾战略（UNISDR）与中方协同推进实施国家综合防灾减灾规划的有关经验和做法进行交流研讨。

2015 年 11 月 17 日，民政部副部长邹铭出席了在印度新德里召开的亚洲实施《仙台减灾框架》部长级会议，会议期间会见了联合国秘书长减灾事务特别代表玛格丽特·瓦尔斯特伦女士，并介绍了自 2015 年 3 月第三届世界减灾大会以来，中国对《仙台减灾框架》的实施情况和下一步的工作重点。玛格丽特·瓦尔斯特伦女士对中国积极实施《仙台减灾框架》的举措和取得的成就表示高度赞赏，希望中国在国际减灾事务中发挥更大作用。

2017 年 5 月 10 日，国家减灾委副主任、民政部部长会见了新任联合国秘书长减灾事务特别代表罗伯特·格拉瑟（Robert Glasser）一行，向客人简要介绍了中国防灾减灾救灾工作情况，并积极评价联合国减灾办公室在推动全球减灾平台建设和政策协调方面发挥的重要作用，表示国家减灾委、民政部愿与联合国减灾办公室进一步加强在防灾减灾救灾领域的务实交流合作。格拉瑟高度赞扬中国政府积极推动实施《仙台减灾框架》，将"减轻灾害风险"理念纳入国家综合防灾减灾规划，防灾减灾救灾工作取得了很大成绩，为世界其他国家和地区提供了宝贵经验，希望中国在全球防灾减灾救灾领域发挥更大的引领作用。

2017 年 5 月 11 日，中国地震局局长会见联合国秘书长减灾事务特别代表罗伯特·格拉瑟一行，并向格拉瑟一行介绍了中国地震局及部分直属机构的主要职能和中国地震局以监测预报、震灾预防、应急救援和科学研究为重点的工作体系，并表示联合国国际减灾战略在国际减灾领域发挥着重要的不可替代的作用，特别是《仙台减灾框架》，为未来全球减灾工作的开展指明了方向。格拉瑟高度赞扬了中国地震局在防灾减灾救灾工作中取得的成绩，为世界其他国家和地区提供了宝贵经验和借鉴，希望中国在全球防灾减灾救灾领域发挥更大的引领作用，并期待与中国地震局的友好合作。双方还就地震基础科学研究、房屋抗震能力建设、科普宣传教育等有关问题进行了探讨。

2018 年 7 月 5 日，2018 年亚洲部长级减灾大会中国代表团团长、应急管理部副部长、中国地震局局长在乌兰巴托会见了联合国秘书长减灾事务特别代表水鸟真美女士。双方回顾了中国在贯彻实施《仙台减灾框架》方面所取得的成就，并就未来合作领域进行了积极探讨。中方高度赞赏了联合国减灾办（UNISDR）在推动实施《仙台减灾框架》、提升全球减灾能力方面发挥的重要作用，介绍了近年来中国防灾减灾救灾工作和新组建应急管理部等情况。水鸟真美高度赞扬中国政府积极推动实施《仙台减灾框架》、防灾减灾救灾工作取得了巨大成就，特别是在实施国家综合防灾减灾规划、减灾科技支撑、加强基层减灾能力等方面为世界其他国家提供了宝贵的经验。水鸟真美对应急管理部的组建表示祝贺，并就联合国减灾办与应急管理部深入务实开展减灾合作提出了建议，希望能够为国际社会分享更多中国经验。

2018 年 7 月 25 日，中国常驻联合国日内瓦办事处和瑞士其他国际组织代表会见水鸟真美女士。双方就加强中国与联合国减少灾害风险办公室合作交换了意见。

2019 年 1 月 14 日，中国应急管理部副部长会见联合国秘书长减灾事务特别代表水鸟真美一行，全面介绍了应急管理部组建以来的工作情况，强调成立应急管理部是中国政府全面提升防灾减灾救灾能力和效率的重要改革举措，并表示中方愿巩固深化与联合国减少灾害风险办公室等国际组织的双边合作，充分利用好已有的多边合作平台。同时，积极推动建立"一带一路"沿线灾害防治国际合作，赞赏并支持联合国减灾办借助中国政府"南南合作"基金开展"一带一路"沿线国家减灾项目，希望联合国减少灾害风险办公室积极发挥促进作用。水鸟真美高度评价中国政府应急管理体制改革的理念和措施、在防灾减灾领域取得的成就及对国际减灾事业做出的贡献，希望中方进一步在国际上发挥引领作用，并积极分享经验做法。水鸟真美表示，联合国减灾办感谢中方长期以来给予的支持，期待中方在落实联合国灾害防治、可持续发展和气候变化目标上继续发挥积极作用，愿成为中方推动"一带一路"灾害防治国际合作方面的伙伴。①

2019 年 1 月 15 日，联合国减少灾害风险办公室负责人、联合国秘书长减灾事务特别代表水鸟真美女士，联合国减少灾害风险办公室亚太区域办事处主任洛蕾塔·希伯·吉拉德（Loretta Hieber-Girardet）女士以及联合国减少灾害风险办公室项目官员安娜·索伦德（Ana Thorlund）女士一行访问北京师范大学。水鸟真美为北师大师生做了题为"减轻灾害风险的全球趋势"的报告。她高度赞扬了中国政府在减灾领域的突出成就，称赞中国《国家综合防灾减

---

① 应急管理部国际合作和救援司：《尚勇会见联合国秘书长减灾事务特别代表、助理秘书长水鸟真美》，应急管理部网站，https://www.mem.gov.cn/xw/bndt/201901/t20190114_229822.shtml。

灾规划（2016－2020年）》切实将防灾减灾工作落实到国家政策中，不断开展长期国际性及区域性合作研究，并通过"一带一路"建设帮助周边发展中国家开展面向风险（Risk-Informed）的基础设施建设。最后，水鸟真美女士对北师大地理科学学部、减灾与应急管理研究院、亚洲科技与咨询委员会秘书处和综合风险防范项目（IRG）的长期合作表示感谢，并与师生进行了交流与探讨。

3. 联合国减少灾害风险办公室与"一带一路"建设

2013年9月和10月，中国国家主席习近平在出访中亚和东南亚国家期间，先后提出共建"丝绸之路经济带"和"21世纪海上丝绸之路"（简称"一带一路"）重大倡议，为完善全球经济治理、促进全球共同发展、推动构建人类命运共同体贡献了中国智慧与中国方案。为科学应对"一带一路"沿线国家共同的减灾需求，推动落实联合国《2015－2030年仙台减少灾害风险框架》《巴黎气候变化协定》《2030年可持续发展议程》，携手国际伙伴共建科技协同减灾机制。2019年5月11日至12日，"一带一路"防灾减灾与可持续发展国际学术大会在北京举行。大会由中国科学院、联合国减少灾害风险办公室等机构共同主办。中国科学院院长白春礼在讲话中希望进一步汇聚国际智慧、凝聚国际力量，为有效应对"一带一路"沿线国家和地区共同面临的重大自然灾害风险，积极创新平台、创新机制，切实提高沿线各国防灾减灾与生态建设水平，促进全球共同发展，促进联合国可持续发展目标的实现，推动构建人类命运共同体。

联合国秘书长减灾事务特别代表、联合国减少灾害风险办公室负责人水鸟真美女士发表了视频演讲。水鸟真美指出，防灾减灾是"一带一路"建设面临的一项重大挑战，其核心是巨大的创新创造潜力。随着全球气候变化的加快和极端天气事件的频发，随时都有可能引发新的灾害风险，她非常高兴看到中国政府为确保"一带一路"建设的可持续性而采取的积极措施。她表示，联合国减少灾害风险办公室很乐意在提高基础设施防灾减灾能力和大规模减少灾害风险方面促进国际合作、支持区域间交流，促进提升灾害风险防范能力。她希望各国科学家和研究人员在深化合作的基础上，进一步创新灾害风险分析评估方法，积极提供减轻灾害风险的解决方案，加快研究制定灾后恢复新标准，为"一带一路"建设提供有效的减灾科技支撑。① 大会发表了《"一带一路"防灾减灾与可持续发展北京宣言》，提出了包括加强灾害风险认知、灾害风险管理、提高灾害风险抵抗能力建设、加强灾后重建对策的4项科技行动计划和9项推进措施，成立了国际减灾科学联盟。

三　分享中国灾害风险治理经验

中国是世界上受自然灾害影响最严重的国家之一。中国的自然灾害种类多，发生频率高，灾情严重。如2020年7月以来，中国南方多处水位超历史纪录，多地出现严重内涝。面对严峻的汛情灾情，中国政府高度重视，明确"生命至上"的工作目标，要求努力减少人员伤亡，严格落实，以"生命至上"为根本开展防汛救灾。国家防办、应急管理部及时启动应急响应机制，部署防汛抗洪抢险救灾、监测预警、灾情评估等工作。据统计，2020年共紧急转移安置群众469.5万人次，较近五年同期均值上升47.3%，为近年来转

① 《"一带一路"防灾减灾与可持续发展国际学术大会在京开幕》，《中国日报》，2019年5月13日。

移人数最多，有效地避免了人员伤亡。2020 年因洪涝灾害死亡失踪人数较近五年均值下降了 49.8％。[①] 此外，中国国务院部署防汛救灾和灾后重建工作，宣布将筹集 1000 亿元用于灾后恢复重建，并建立资金直达灾区和项目机制。为了推广和借鉴中国抗灾减灾经验，2020 年 8 月 27 日，联合国减少灾害风险办公室亚太区域办事处举办关于"加强和借鉴中国减灾工作"在线研讨会。中国应急管理部国际合作和救援司的负责人在研讨会开幕时表示："我们坚信，本次会议将进一步深化双方务实交流，探索合作新途径，推动后疫情时代全球减灾救灾。"[②] 这一观点得到了联合国减少灾害风险办公室亚太区域办事处主任洛蕾塔·希伯·吉拉德（Loretta Hieber-Girardet）女士的赞同，她赞扬中国在减少灾害风险方面的卓越工作，感谢中国在仙台减灾监测中以身作则，记录了其灾害损失，她说："我们鼓励中国继续这样做，并愿意与其他国家分享经验教训。"研讨会还为中国提供了一个平台，分享中国在了解风险领域取得的一些成就，作为对研讨会的回应，中国住房和城乡建设部、水利部和交通运输部的官员就如何在数据共享和《仙台减灾框架》实施方面加强合作发表了看法。此外，与会者还听取了中国发布的《2019 年全球自然灾害评估报告》。[③]

---

① 国务院新闻办公室网站：《洪涝灾害死亡失踪人数较近五年均值下降 49.8％》，http：//www. scio. gov. cn/32344/32345/42294/43539/zy43543/Document/1686499/1686499. htm〔2020 - 09 - 03〕。

② United Nations Office for Disaster Risk Reduction：Strengthening and learning from China's work in Disaster Risk Reduction，https：//www. undrr. org/news/strengthening - and - learning - chinas - work - disaster - risk - reduction〔2020 - 09 - 04〕。

③ United Nations Office for Disaster Risk Reduction：Strengthening and learning from China's work in Disaster Risk Reduction，https：//www. undrr. org/news/strengthening - and - learning - chinas - work - disaster - risk - reduction〔2020 - 09 - 04〕。

第十章

减少灾害风险与经济社会可持续发展

可持续发展的实质是指经济、社会、人口、资源和环境的协调发展，其中经济增长是可持续发展的前提，只有保证较快的经济增长速度，并改善经济发展的质量，才有可能不断消除贫困，人民的生活水平才会逐步提高。然而，频发的自然灾害一直是制约经济发展、影响民生的重要因素，它不仅会逆转已经获得的社会经济效益、资产或资源，还将破坏为实现可持续发展目标付出的努力。联合国秘书长安东尼奥·古特雷斯（António Guterres）曾指出："每年平均有 2400 万人因灾难而陷入贫困，数百万人被迫离开家园。如果脆弱的国家在灾难性事件后不断重建和恢复，我们永远不会实现《2030 年可持续发展议程》，《仙台减灾框架》对于实现可持续发展目标至关重要。"[①] 由此可见，加强防灾减灾建设是保障经济社会可持续发展的重要前提，其在实施可持续发展战略中处于基础性的重要地位。具体来说，有效落实《仙台减灾框架》，全面提升综合减灾能力，既是满足人们对美好生活的需要 ，也是实现《2030 年可持续发展议程》的内在要求。

---

① 联合国减少灾害风险办公室：《联合国秘书长：仙台框架对于实现"可持续发展目标"至关重要》，中国国家应急广播网，http://www.cneb.gov.cn/2017/10/28/ARTI150 9189225017914. shtml。

一 国际综合减灾与可持续发展历程

几十年来，为了应对世界的各种灾害与挑战，国际社会提出和实施了一系列全球性政治议程和行动计划，其中包括《仙台减灾框架》《2030 年可持续发展议程》《巴黎协定》《新城市议程》等。追溯历史，我们可以了解国际灾害风险治理及其重要的相关进程和脉络。

1. 国际减灾行动框架

以 1971 年 12 月联合国救灾办事处（UNDRO）的设立为标志，联合国开启了国际减灾行动的历史进程（见图 10 - 1）。1979年 7 月联合国救灾办事处召开国际专家组会议，在总结以往的防灾减灾经验与教训的基础上，提出了分析风险和脆弱性的方法。1987 年 12 月，第 42 届联合国大会通过决议，将 1990 年至 1999年定为"国际减少自然灾害十年"（IDNDR），其目标是通过协调一致的国际行动，减少自然灾害对人类造成的伤亡及对社会经济发展造成的负面影响。在开展减灾十年活动的关键时期，1994 年5 月，在日本横滨召开了第一届世界减灾大会，会议对减灾十年成果进行了中期评估，并通过了具有里程碑意义的《为了一个更安全的世界：横滨战略和行动计划》。《横滨战略和行动计划》标志着审议减灾问题的政治和分析背景开始发生重大转变，即高度重视社会经济的脆弱性，强调人类行为在减少社会遭受自然灾害和灾害脆弱性方面的关键作用，重申了减灾十年的重点。1999 年，"国际减灾十年"活动发展为"联合国国际减灾战略（UNISDR）"活动，并相应成立联合国国际减灾战略秘书处，负责联合国成员国之间减轻灾害风险计划和战略的实施，以期进一步加强国际减灾努力。2005 年，在日本兵库县举行第二届世界减灾大会，通过了《2005－2015 年兵库行动框架：加强国家和社区的抗灾能力》。该行动框架主要包括一个预期成果、三大战略目标和五项优先行动事项。2015 年在日本仙台召开的第三次世界减灾大会上，通过了《2015－2030 年仙台减少灾害风险框架》，提出了未来 15 年内要取得的预期成果，确定了 7 项定量目标和 4 个优先行动领域。

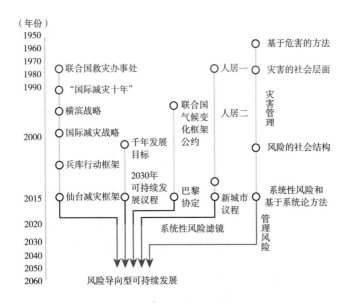

图 10 - 1　国际综合减灾与可持续发展历程

资料来源：*Global Assessment Report on Disaster Risk Reduction 2019*，https：//gar. undrr. org/chapters/chapter - 1 - how - we - got - now。

2. 从千年目标走向可持续发展

20 世纪 60 年代以来，世界范围内的环境污染与生态破坏问题

日益严重，环境问题和环境保护逐渐为国际社会所关注。1992 年
6 月，联合国环境与发展会议（又称地球会议，UNCED）在巴西
里约热内卢举行，102 位国家元首或政府首脑参加了大会。会议通
过了《里约环境与发展宣言》（又称《地球宪章》）、《21 世纪行
动议程》、《联合国气候变化框架公约》和《保护生物多样性公
约》等一系列重要文件，确立了要为子孙后代造福、人与大自然
协调发展的道路，并提出了可持续发展战略。特别是《联合国气候
变化框架公约》确立了国际社会关于环境与发展的多项原则，其
中，"共同但有区别的责任"成为指导国际环发合作的重要原则。
2000 年 9 月 6 日，举世瞩目的联合国千年首脑会议在纽约联合国总
部隆重开幕。由 189 个国家签署《联合国千年宣言》一致通过了一
项行动计划——联合国"千年发展目标"（Millennium Development
Goals，MDGs），该计划制定了为期 15 年（2000～2015 年）的行动
计划与努力目标，共有 8 个方面，包括：消灭极端贫穷和饥饿；普
及小学教育；促进男女平等并赋予妇女权利；降低儿童死亡率；改
善产妇保健；与艾滋病、疟疾和其他疾病做斗争；确保环境的可持
续能力；促进全球合作发展。2012 年 6 月 20～22 日，联合国可持
续发展大会（简称"里约＋20"峰会）在巴西里约热内卢举行。
这次峰会是自 1992 年联合国环境与发展大会和 2002 年可持续发展
世界首脑会议后，在可持续发展领域举行的又一次大规模、高级
别的国际会议。峰会成果文件《我们憧憬的未来》重申了"共同
但有区别的责任"原则；决定启动可持续发展目标讨论进程；肯
定绿色经济是实现可持续发展的重要手段之一；决定建立更加有
效的可持续发展机制框架；敦促发达国家履行官方发展援助承诺。
可以说，"里约＋20"峰会取得的重要成果开启了可持续发展的新

里程。[①] 2015 年 9 月 25 日，联合国可持续发展峰会在纽约联合国总部召开，峰会批准通过了《变革我们的世界：2030 年可持续发展议程》（简称 "2030 议程"），提出了涵盖经济、社会、环境三大领域的 17 项联合国可持续发展目标（Sustainable Development Goals，简称 SDGs）及 169 项具体目标，为未来 15 年世界各国的发展和国际合作指明了方向，勾画了蓝图。"2030 议程" 取代 21 世纪初联合国确立的千年发展目标（MDGs），抛弃了传统的片面追求经济增长的模式，转向实现一种 "不落下任何一个" 的包容性发展和 "让地球治愈创伤和得到呵护" 的绿色发展新理念。[②] 为了践行这一重要的全球文件，联合国提出了一系列后续落实和评估措施，对各国落实 17 项可持续发展目标及其 169 项具体目标进行量化评估和定期报告。

3. 《巴黎协定》与《新城市议程》

2015 年 12 月 12 日，《联合国气候变化框架公约》近 200 个缔约方的谈判代表在巴黎召开的第 21 次缔约方大会上一致达成《巴黎协定》，为 2020 年后全球应对气候变化行动做出机制性安排。《巴黎协定》共 29 条，其中包括目标、减缓、适应、损失损害、资金、技术、能力建设、透明度、总体盘点等内容。《巴黎协定》指出：各方将加强对气候变化威胁的全球应对，到 21 世纪末把全球平均气温升高幅度控制在 2℃ 以内，并为把升温幅度控制在 1.5℃ 以内而努力。全球将尽快实现温室气体排放达到峰值，以促进温室

---

① 曾贤刚等：《可持续发展新里程：问题与探索——参加 "里约 + 20" 联合国可持续发展大会之思考》，《中国人口·资源与环境》2012 年第 8 期，第 41 页。

② 黄超：《从千年目标走向可持续发展》，《文汇报》2015 年 9 月 27 日，http：//www. xin huanet. com/world/2015 – 09/27/c_ 128271625. htm。

气体排放实现回落，并在 21 世纪下半叶实现温室气体的净零排放。《巴黎协定》以各方"自下而上"自主确定承诺目标作为责任承诺模式，即根据协定各方以"自主贡献"的方式参与全球应对气候变化行动。也就是说，各方根据本国国情及自身发展状况来提交各自的减排计划和目标。此外，根据《巴黎协定》，从 2023 年开始，每 5 年将对全球应对气候变化行动进行一次总体盘点，以帮助各国提高行动力度，促进加强国际合作，实现全球应对气候变化长期目标。

作为快速城市化时代唯一聚焦城市和人居环境议题的全球峰会，联合国人居大会每 20 年举办一次。1976 年，首次人居会议在加拿大温哥华举行。1996 年，在土耳其伊斯坦布尔召开的第二次人居会议通过了《伊斯坦布尔人居宣言》和《人居议程》，规定各国政府有责任为所有人提供足够的住房，维护城市的可持续发展。2016 年 10 月 17 日至 20 日，第三次联合国住房和城市可持续发展大会（简称"人居三"）在厄瓜多尔基多举行。来自与会国家和地区的代表一致通过成果文件《新城市议程》，为全球共同实现《2030 年可持续发展议程》目标 11，即建设包容、安全、有抵御灾害能力和可持续的城市和人类住区。《新城市议程》旨在铺平前进之路，以使城市和人类住区更具包容性，确保每个人都能够从城市化中受益，同时重点关注处于脆弱境况的人群。它勾勒出一个多元化、可持续和具有抗灾韧性的社会愿景，呼吁推进绿色经济增长。更重要的是，它是一个郑重承诺，要求人们共同承担彼此的责任，并朝着共同的城市化世界的发展方向前进。

二 《仙台减灾框架》与《2030 年可持续发展议程》相关性分析

对于国际社会来说，2015 年是极为重要的一年，因为这一年先后产生了三个重要框架协议，即《2015 - 2030 年仙台减少灾害风险框架》《变革我们的世界：2030 年可持续发展议程》《巴黎协定》。其中《仙台减灾框架》是 2015 年世界上最早通过的政策议程，其确立的目标指标与《2030 年可持续发展议程》目标指标相互关联，两者之间协同作用明显。具体来说，《2030 年可持续发展议程》共包括 17 项可持续发展目标和 169 项具体指标，其中一些目标指标与减轻灾害风险密切相关，而且两者相互借重。例如，《2030 年可持续发展议程》目标 1：在全世界消除一切形式的贫困；目标 11：建设包容、安全、有抵御灾害能力和可持续的城市和人类住区；目标 13：采取紧急行动应对气候变化及其影响，均直接与《仙台减灾框架》的 A、B、C、D、E 目标相关联（见图 10 - 2）。

在《2030 年可持续发展议程》169 个具体指标中，也有许多内容与《仙台减灾框架》38 项指标高度吻合。例如，指标 1.5.1：每 10 万人当中因灾害死亡、失踪和受影响人数；指标 1.5.2：直接灾害有关的经济损失与全球国内生产总值相比；指标 1.5.3：许多国家采用和实施国家减少灾害风险策略符合《2015 - 2030 年仙台减少灾害风险框架》；指标 11.5.2：与全球国内生产总值有关的直接经济损失、关键基础设施的破坏以及灾害造成的基本服务中断的次数，分别与《仙台减灾框架》的 A1、B1、C1、D1、D5、E1、E2 指标有很多共同之处（见表 10 - 1）。

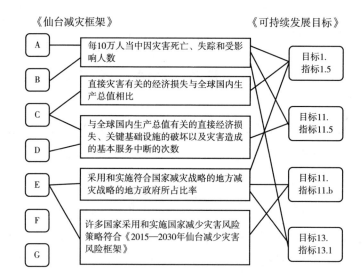

图 10-2 《仙台减灾框架》目标与可持续发展目标关联图

资料来源：United Nations Office for Disaster Risk Reduction，"The Sendai Framework and the SDGs，"https：//www.undrr.org/implementing-sendai-framework/sf-and-sdgs。

表 10-1 《2030 年可持续发展议程》目标指标体系与《仙台减灾框架》指标体系关联度与对应分析

《2030 年可持续发展议程》目标指标体系	《仙台减灾框架》指标体系
目标 1 在全世界消除一切形式的贫困	
1.5.1 每 10 万人当中因灾害死亡、失踪和受影响人数	A1 每 10 万人因灾害导致的死亡和失踪人数 B1 每 10 万人直接受灾害影响的人数
1.5.2 直接灾害有关的经济损失与全球国内生产总值相比	C1 灾害直接经济损失与全球国内生产总值的比例
1.5.3 许多国家采用和实施国家减少灾害风险策略符合《2015-2030 年仙台减少灾害风险框架》	E1 按照《2015-2030 年仙台减少灾害风险框架》通过并实施国家减少灾害风险战略的国家政府数

续表

《2030 年可持续发展议程》目标指标体系	《仙台减灾框架》指标体系
目标 1　在全世界消除一切形式的贫困	
1.5.4　采用和实施符合国家减灾战略的地方减灾战略的地方政府所占比率	E2　按照国家战略通过并实施地方减少灾害风险战略的地方政府所占比例
目标 11　建设包容、安全、有抵御灾害能力和可持续的城市和人类住区	
11.5.1　每 10 万人当中因灾害死亡、失踪和受影响人数	A1　每 10 万人因灾害导致的死亡和失踪人数
	B1　每 10 万人直接受灾害影响的人数
11.5.2　与全球国内生产总值有关的直接经济损失、关键基础设施的破坏以及灾害造成的基本服务中断的次数	C1　灾害直接经济损失与全球国内生产总值的比例
	D1　灾害对重要基础设施的损坏
	D5　灾害造成的基本服务中断次数
11.b.1　许多国家采用和实施国家减少灾害风险策略符合《2015 - 2030 年仙台减少灾害风险框架》	E1　按照《2015 - 2030 年仙台减少灾害风险框架》通过并实施国家减少灾害风险战略的国家政府数
11.b.2　采用和实施符合国家减灾战略的地方减灾战略的地方政府所占比率	E2　按照国家战略通过并实施地方减少灾害风险战略的地方政府所占比例
目标 13　采取紧急行动应对气候变化及其影响	
13.1.1　每 10 万人当中因灾害死亡、失踪和受影响人数	A1　每 10 万人因灾害导致的死亡和失踪人数
	B1　每 10 万人直接受灾害影响的人数
13.1.2　许多国家采用和实施国家减少灾害风险策略符合《2015 - 2030 年仙台减少灾害风险框架》	E1　按照《2015 - 2030 年仙台减少灾害风险框架》通过并实施国家减少灾害风险战略的国家政府数
13.1.3　采用和实施符合国家减灾战略的地方减灾战略的地方政府所占比率	E2　按照国家战略通过并实施地方减少灾害风险战略的地方政府所占比例

资料来源：United Nations Office for Disaster Risk Reduction，"The Sendai Framework and the SDGs，" https：//www.undrr.org/implementing - sendai - framework/sf - and - sdgs。

通过上述分析，我们可以得出这样的结论：减轻灾害风险，应对气候变化和可持续发展"三驾马车"相互影响、相互作用、相互支撑，而减灾在可持续发展和应对气候变化之间起着重要的桥梁作用，是实现可持续发展的基本保障。也就是说，没有减灾，发展的可持续性就无从谈起。要实现减轻灾害风险，应对气候变化和可持续发展"三驾马车"的共同驱动，人类需要超越现有的减灾模式，从管理灾害本身转变为管理风险，有效减轻现有风险，避免新风险的积累，以及提升个人和社会的灾害韧性，只有这样才能有效防范化解各类风险的挑战，进而实现可持续发展的总体目标。

三 全球减少灾害风险：新动向新挑战

2015 年联合国召开的第三届世界减灾大会通过了《仙台减灾框架》，它向世界昭示全球 186 个国家决心共同致力于减灾行动，为保护地球这个人类共同的家园携手同心、共担使命。此后，联合国减少灾害风险办公室一直充分发挥统筹协调作用，全球防灾减灾事业取得重大进展。因此，科学分析防灾减灾新动向，明晰未来的新挑战，对于促进 2030 年全球减灾目标的实现，意义重大。

概括起来，全球减灾建设呈现五个新动向。一是防灾减灾观念由被动的"灾害管理"向主动的"灾害风险管理"转变，即从减少灾害损失向减轻灾害风险转变。顾名思义，灾害管理重点是灾害，就是从灾害的角度出发安排对策，具有应急和救济性质，属于人道主义援助的范畴；灾害风险管理的重点是风险，即从管控风险的角度出发，科学预见隐藏的风险，做到未雨绸缪、防微杜渐，它属于可持续发展范畴。《仙台减灾框架》强调把减灾的工作重心从灾害管理转移到灾害风险管理，努力实现从注重灾后救助向注重灾前预防转变，全面提高抵御自然灾害的综合防范能力。二是在全球减轻灾害风险领域强化与《2030 年可持续发展议程》《巴黎协定》的协同增效。联合国减少灾害风险办公室在第六届全球减灾平台大会上正式提出将减轻灾害风险纳入《2030 年可持续发展议程》的落实当中，并将执行《巴黎协定》承诺和《仙台减灾框架》目标统一起来，实现与《2030 年可持续发展议程》和《巴黎协定》行动一致性，强调今后将从减轻灾害风险的角度对全球可持续发展和气候适应行动进行审议。三是实现减轻灾害风险及灾害风险管理重心下移将是未来全球减轻灾害风险领域的主要治理形式。灾害风险是由地区暴露度、敏感性、脆弱性、适应能力等因素共同决定的，降低风险的行动和措施必须落实在地方层面才能产生更大的影响，强调投入资金开展地方能力建设对于减轻灾害风险及灾害风险管理至关重要。四是持续推进建设"韧性城市"运动。联合国减少灾害风险办公室于 2021 年 1 月正式启动"让城市具有韧性 2030"（MCR2030）运动。"韧性城市"是指城市能够凭自身的能力抵御灾害，减轻灾害损失，并合理地调配资源以从灾害中快速恢复过来。灾害可以涵盖自然灾害、社会重大影响的事件（如战争）和健康（如疫情）等维度。建设韧性城市已成为防灾减灾的有效途径，其核心就是要有效应对各种变化或冲击，减少发展过程的不确定性和脆弱性。五是加强区域联动、减轻灾害风险国际合作和多边行动将是未来全球减轻灾害风险领域的主要合作形式，强调国际合作和多边行动对于管理全球性、系统性灾害风险以及向发展中国家提供必要的支持对实现《仙台减灾框架》7个目标至关重要。①

展望未来,全球减轻灾害风险行动将面临诸多新的挑战。因此,有必要总结实施《仙台减灾框架》目标的经验教训,推进联合国减灾救灾体制机制改革,为全球减灾事业良性发展注入新的活力。

第一,结合《2030年可持续发展议程》和《巴黎协定》推进落实《仙台减灾框架》。制定全面落实《仙台减灾框架》的具体行动计划并非另起炉灶,而是要密切结合《2030年可持续发展议程》《亚的斯亚贝巴行动议程》《巴黎协定》,以及世界各国发展阶段、发展水平和具体国情,协同推进。例如,《2030年可持续发展议程》和《巴黎协定》的国家自主贡献目标均以2030年为时间节点,三者高度相关,而《仙台减灾框架》的7大目标都与可持续发展目标挂钩,尤其是消除贫困、提高抗灾能力、应对气候变化等涉及可持续发展目标的多个领域,协同推进往往可以起到事半功倍的效果。

第二,完善统计、监测和评估体系。落实《仙台减灾框架》需要定期统计、监测、评估实施情况和进展,监测指标众多,《仙台减灾框架》指标体系非常复杂,工作量巨大。目前联合国现有统计体系尚不够健全,需要进一步完善。不仅提升技术能力,还要逐步增加透明度。随着各国减灾意识的提高,"仙台减灾框架监测器"(SFM)将对《仙台减灾框架》目标的监测和评估发挥更大的作用,

---

① 何刚成:《关注全球减轻灾害风险的新动向——第六届全球减灾平台大会见闻》,《中国减灾》2019年第15期,第61页。

官方与民间合作或将是未来发展的趋势。

第三，迫切需要加强《仙台减灾框架》相关研究。《仙台减灾框架》内容丰富，7 项全球目标和 38 项评估指标涉及人口、经济、基础设施、灾害预警等各个领域，已经成为国际防灾减灾研究的热点，近年来尽管有关研究项目的数量明显增多，研究成果也有了较大突破，但高质量高水平的研究成果增幅不够明显，创新性研究成果相对较少，对落实《仙台减灾框架》的支撑作用也十分有限。未来在落实《仙台减灾框架》目标的过程中还会遇到许多理论和实践问题，应调动各国相关科研力量组织跨部门的研究团队进行攻关，为全面实现《仙台减灾框架》目标提供科学依据。

第四，采取协调、有力的行动减少新冠肺炎疫情对减灾事业造成的影响和损失。新冠肺炎疫情在全球蔓延，给人民生命安全和身体健康带来巨大威胁，全球减灾事业正面临巨大挑战。2020 年 9 月 11 日，联合国大会通过了关于"全面并协调应对新冠肺炎疫情"的决定。联合国减少灾害风险办公室应迅速采取协调、有力行动，落实联合国的决定，引导各国将《仙台减灾框架》纳入新冠肺炎疫情结束后的恢复和重建工作之中，全力降低疫情对减灾事业造成的损害，帮助发展中国家和弱势群体提高应对能力。

《为了一个更安全的世界：
横滨战略和行动计划*》

（1994 年 5 月 27 日在第一届世界
减轻自然灾害大会上通过）

世界减轻自然灾害大会于 1994 年 5 月 23～27 日在日本横滨举行。

认识到自然灾害在世界范围内造成的人员伤亡和经济损失正在迅速增加。

回顾 1989 年 12 月 22 日第 44 届联合国大会第 236 号决议（第 44/236 号决议）通过的在 20 世纪 90 年代开展一项具有深远意义的旨在拯救人类生命和减轻自然灾害影响的全球行动。

还回顾了 1991 年 12 月 19 日第 46 联合国大会第 182 号决议（第 46/182 号决议）做出的前瞻性决定：全面加强灾害管理，开展提高全球性的防灾意识的活动。

认识到正如《21 世纪议程》[①] 中强调的，如果不采取适当的减灾措施，许多国家就不能得到持续的经济增长和持续的发展，而且灾害损失和环境恶化两者有密切的联系。

重申《里约环境与发展宣言》[②]，特别是原则第 18 条，强调国际社会需要帮助受到自然灾害和其他可能影响环境的突发事件影响的国家。

---

* 参见《横滨战略和行动计划——建设一个更为安全的世界》，《自然灾害学报》1994 年第 3 期，第 104～111 页；康鹏译、阮忠家校：《为了一个更安全的世界：横滨战略和行动计划》，《中国减灾》1995 年第 2 期，第 9～16 页。

① 《1992 年 6 月 3 日至 14 日，里约热内卢、联合国环境与发展会议报告》，第一卷《环发会议通过的决议》（联合国出版物，出售品编号：E93.1.8），决议 1，附件二。

② 《1992 年 6 月 3 日至 14 日，里约热内卢、联合国环境与发展会议报告》，第一卷《环发会议通过的决议》（联合国出版物，出售品编号：E93.1.8），决议 1，附件一。

还重申了联合国秘书长赋予负责人道主义事务的副秘书长为紧急救助协调员，通过联合国减灾十年委员会秘书处，促进和指导符合联合国大会第46/182号决议的减灾十年活动。

强调联合国系统要特别重视最不发达和内陆国家以及小岛屿发展中国家。为此回顾到，第一次小岛屿发展中国家持续发展全球大会以及《90年代支援最不发达国家行动纲领》要求在减灾十年活动中首先重视小岛屿发展中国家和较落后国家。

响应1993年12月23日第48届联合国大会第188号决议（第48/188号决议）的要求：

（a）回顾国家、地区和国际上的减灾十年的成就；

（b）制定将来的行动计划；

（c）交流开展减灾十年活动和执行其政策的信息；

（d）提高对减灾政策重要性的认识。

1. 呼吁世界各国，在此"国际减轻自然灾害十年"达到中期阶段之际，并根据灾害造成的人员伤亡和财产损失日益增长的情况，本着共同利益、主权平等的原则，共同承担拯救人类生命，保护人类和自然资源及生态环境和文化遗产的责任，以新的伙伴精神创建一个更加安全的世界。重申通过国家、地区和国际努力，将国际减灾十年行动纲要变为一个地区间的决定性的行动计划应遵循的义务。

2. 请求各国防止物资破坏，保护财产并致力于进步和稳定，普遍认识到各国都负有保护其人民、基础设施和其他国家财产免遭自然灾害影响的主要责任；同时认为，各国越来越相互依存，共同的国际合作和良好的国际环境是各国努力成功与否的关键。

3. 通过了下列原则、战略和行动计划。

一　原则

1. 风险评估是制定适当而有效的减灾政策和措施的必要步骤。

2. 防灾备灾对于减轻救灾需求是至关重要的。

3. 防灾备灾应当作为各国、地区、双边、多边和国际上制定发展政策和规划不可缺少的内容。

4. 发展和加强防灾、减灾能力是"减灾十年"活动强调的最优先领域，以便为"减灾十年"后续的行动奠定坚实的基础。

5. 对紧急灾害的早期警报，并通过使用诸如广播等通讯手段有效地传播这些警报是防灾和备灾成功的关键因素。

6. 只有在国家政府、区域和国际社会各级以及所有地区的公众一致的参与下，防灾措施才能取得最大成效。

7. 可以通过针对目标群体采用适当的设计和合理布局，对社区进行适当的教育和培训来减少脆弱性。

8. 国际社会接受分享必要的防灾、减灾的技术措施；这些措施应当随时可以得到并作为技术合作不可分割的一部分。

9. 在防灾和减灾中，必须与作为持续发展内容的环境保护和扶贫结合起来。

10. 各国承担保护群众、保护基础设施和其他国家资产免遭灾害影响的重要责任。国际社会在减灾工作中要表现出强烈的政治决心，调动和充分有效地利用现有资源，诸如财政、科技手段等，切记发展中国家，尤其是最不发达国家的需要。

A. 本战略的基础

1. 自然灾害不断发生，其规模、复杂性、频繁性及造成的经济影响不断增加。大多数情况下自然现象造成的灾害是人类不能控制的，但灾害的易损性是人类活动的结果。因此，社会应当认识和加强传统的减灾方法并开拓与灾害共处的新的方法，采取紧急行动防止并减轻灾害的影响。现已具备了这样做的能力。

2. 在这方面，最不发达国家、小岛屿发展中国家和内陆国是最脆弱的国家，因为它们最不具备减轻灾害的能力。受到沙漠化、旱灾和其他种类自然灾害影响的发展中国家也同样脆弱，因为他们减灾的装备最少。

3. 所有国家中的穷人和社会处境不利的群体遭受自然灾害影响最大，

最不具备应付灾害的能力。事实上，各种灾害以其独特方式对城市和农村的社会、经济、文化和政治生活造成不同形式的破坏。大型的城市集中点特别脆弱，因为它们的复杂性和人口及基础设施集中在有限的区域内。

4. 有些消费、生产和发展格局会增加易受自然灾害的可能性，特别是穷人和社会处境不利的群体。然而，如果对可持续的发展加以适当规划和管理，进而改善受灾群体和社区的社会经济条件，可有助于降低这种脆弱性。

5. 易受灾的发展中国家应当学会运用和分享传统的方法来减少灾害的影响，并通过现代科学技术知识以补充和加强这些方法。应当学习现有知识和技能，努力改进、发展并更好地利用这些知识和技能。

6. 全球社会的稳定性越来越脆弱，减灾将有助于减轻这种脆弱性。为了有效地进行灾害管理，从救灾中的恢复重建和发展到防灾必须统一起来，这是实现最终目标——减轻生命和财产损失行动的指导思想。

7. 就全面的统一性而言，预防灾害总是胜于应付灾害，实现联合国大会各有关决议通过的"减灾十年"的目的、目标和指标将会极大降低灾害损失。这就需要基层社区最大限度地参与，基层社区能调动大量富有潜力和传统的经验，在防灾措施中应用。

B. 对"减灾十年"中期状况的评估

8. 在"国际减灾十年"接近中期之际，世界减灾大会根据各国的报告和技术讨论，总结出下列主要成就和不足：

（a）由于对问题缺乏重视，承担义务不充分并且缺乏在各级进行宣传活动的人力物力，以致对减灾工作潜在效益的认识仍然只限于专业部门，未能使社会各方面，特别是决策者和广大公众所了解；

（b）但与此同时，在"减灾十年"的前五年里，地方、国家和国际上的培训、技术应用、研究活动以及区域合作在若干区域里已取得减轻灾害损失的积极成果；

（c）同时，联合国大会提出了各国成立组织机构的要求，包括成立国家减灾十年委员会和中心；国际上成立高级委员会、科技委员会和减灾十年秘书处。这些为加强后五年的防灾和减灾工作奠定了基础；

（d）这些减灾领域的新工作还没有被系统地纳入多边和双边发展政策的部分内容；

（e）没有对专业人员和群众进行充分的教育和培训活动，没有把重点放在减灾的方法和手段上。没有充分发挥宣传媒介、企业、科技界和广大私营部门的潜力；

（f）必须指出，并不是所有联合国系统的机构都能按照联大通过的第 44/236 号决议的要求，对"减灾十年"的实现尽全力去做出自己的贡献。近年来，联合国系统内外还是把重点主要放在应付灾情上。这样就减缓了根据"减灾十年"初期所定的必须在灾害发生之前采取行动的方针开展工作的势头；

（g）尽管没有像联大预见的那样，平稳、协调并系统地开展工作，减灾十年前五年已取得了一些积极的成果。只有认识到这些成绩，加强和巩固这些成绩，减灾十年才能实现其目标，为全球的防灾事业做出贡献。特别是能对灾害反应产生效果的现有的手段没有得到充分的利用；

（h）作为促进"十年"活动的一部分，非常需要通过认识和宣传各地公众的传统知识、习惯做法和价值观，从而加强地方社区的活力和自信心；

（i）经验表明，尽管不是减灾十年的要求，减灾的概念应包含自然灾害和其他灾害，如环境和技术灾害以及它们之间的相互关系，它们对社会、经济、文化和环境系统有重要的影响，尤其是在发展中国家。

C. 2000 年及以后的战略

9. 世界减灾大会在《原则》的通过和评价"减灾十年"前半期取得的成果的基础上，制定了以拯救生命和保护财产为目标的《减轻灾害战略》，该《战略》要求加快执行下列各点制订的《行动计划》：

（a）发展全球的防灾文化，将此作为综合减灾的重要内容；

（b）在易受灾国和社区采取自力更生的政策，其中包括能力建设及资源的分配和有效利用；

（c）进行防灾、备灾和减灾教育和培训；

（d）开发和加强人力、物力、资源的能力以及减灾研究和开发机构的能力；

（e）找出现有的优秀中心并将其联网，以便加强防灾、减少和减轻灾害的活动；

（f）提高易受灾害社区的灾害意识，包括让传播媒介在减灾方面发挥更积极、更建设性的作用；

（g）让群众积极参与减灾、防灾和备灾活动，加强灾害管理；

（h）"减灾十年"后五年，应重视开展提高社区减轻易损性的活动；

（i）改进风险评估，完善预测和警报系统；

（j）实行防灾、备灾和应付自然灾害以及包括环境和技术灾害在内的其他灾害的综合政策；

（k）加强大学、区域及次区域组织和其他科技机构在国内、区域和国际减灾研究中的协调和合作，通过跨学科研究了解灾害的因果联系；

（l）有效的国家立法和行政行动，更加重视政治决定的层次；

（m）在区域和次区域层面，通过加强现有机制，改善通信技术的运用，促进减灾信息的搜集、整理和交流；

（n）通过交流信息，各种正式或非正式方式，如建立或加强区域及次区域中心，加强遭受同样的灾害的国家的合作，开展共同的减灾活动；

（o）利用现有的技术开展减灾；

（p）通过提供业务机会来吸引私营部门参加减灾工作；

（q）促进非政府组织，特别是那些从事环境保护及有关问题的非政府组织，包括本地的非政府组织，参与自然灾害管理；

（r）加强联合国系统在减轻自然灾害的能力，帮助减少自然灾害和有关技术灾害带来的损失，如通过"减灾十年"和其他机制来协调和评估减灾活动。

二　行动计划

A. 行动建议

10. 根据《原则》和《战略》，并考虑到各国向减灾大会提交的国家简要报告，减灾大会通过了未来《行动计划》，主要由社区和国家、次区域和区域、国际社会通过双边和国际合作具体执行计划。

社区和国家级的活动

11. 要求所有国家在"减灾十年"剩余的期间内采取以下行动：

（a）通过高层次的宣言、立法、决策和行动，表达减轻灾害易损性的政治承诺，包括开展国家和社区的灾害评估和制定减灾规划；

（b）鼓励继续调集本国的资源，用以开展减灾活动；

（c）制定以减灾为重点的国家灾害管理规划；

（d）开展风险评估项目，制定应急计划，重点进行防灾、灾害反应和减灾活动，设计适当的次区域、区域和国际合作项目；

（e）建立或加强适当的国家减灾十年委员会或确定负责促进和协调减灾行动的机构；

（f）采取措施提高重要基础设施和生命线的抗灾能力；

（g）适当考虑地方政府在实施安全标准和规定中的作用，加强各级灾害管理机构的能力；

（h）考虑发挥非政府组织对当地减灾活动的支持；

（i）将减灾、防灾和抗灾工作纳入基于灾险评估的社会经济发展规划工作之中；

（j）考虑在发展规划中纳入环境影响评估的可能性；

（k）明确具体的防灾需要，利用其他国家或联合国系统的知识和专业技术，如通过旨在加强人力资源的培训项目；

（l）努力做好所有灾害的记录工作；

（m）将有效的技术运用于减灾活动中，如预报和警报系统；

（n）建立和开展旨在提高公众意识的教育、信息项目，特别重视政策制定人员和主要群体，以便确保减灾项目的效益；

（o）调动传播媒介部门的力量，提高公众意识，开展教育和宣传，以提高对减灾工作能拯救生命和保护财产的认识；

（p）确定具体有多少减灾方案在"减灾十年"结束时能得到系统的重视的目标；

（q）鼓励社区、妇女和其他社会贫困群体的参与，以便加强能力建设，这是减轻社区灾害易损性的必要条件；

（r）运用当地的传统减灾知识、实践及价值，认识到这些传统的抗灾机制对地方社区的宝贵贡献，使这些社区自发地开展各种减灾项目的合作。

区域和次区域级的活动

12. 考虑到同一区域或次区域国家灾害易损性的许多共同特点，应采取下述行动加强这些国家的合作。

（a）建立或加强区域或次区域的减灾、防灾中心，这些中心通过与国际组织的合作，加强国家的能力，将行使下述一项或多项职能：

（1）收集和分发资料及信息，提高公众的灾害意识，增强减轻灾害影响的潜力；

（2）制定旨在开发人力资源的教育和培训项目并开展技术信息交流；

（3）支持和加强减轻自然灾害的机制。

（b）重视发展中国家，尤其是不发达国家的灾害易损性，准备技术、财力和物力，支持有关次区域或区域中心，从而加强区域和国家减灾能力；

（c）改进区域内国家的防灾和预警通讯系统；

（d）建立和加强用于减轻灾害的早期预警机制；

（e）举办"国际减轻自然灾害日"；

（f）建立区域内和区域之间的减灾互助协议和联合项目；

（g）在区域性政治论坛上，定期检查减轻灾害工作的进展情况；

（h）要求并促使区域组织在执行有关区域减灾规划和项目中发挥有效的作用；

（i）国际社会应当首先重视、特别支持次区域或区域的有关减灾活动和项目，以便加强遭受同样灾害的国家间的合作；

（j）根据联大的决定，应当特别重视最不发达国家在减灾领域的活动；

（k）密切合作进行区域安排，区域安排要补充国家减灾项目；

（l）国际社会要帮助发展中国家把防灾和减灾纳入国家、次区域和区域的现行机制和战略，以便实现可持续发展。

国际社会，尤其是通过双边协议和多边合作开展的活动

13. 在全球相互依存的情况下，本着国际合作精神，以下列各种方式鼓励和支持所有减轻灾害的活动，特别是"国际减轻自然灾害十年"所规定的活动：

（a）建议为实施"减灾十年"提供预算外资金，积极鼓励各国政府、国际组织和其他机构，包括私营部门，提供自愿捐款。为此，将敦促联合国秘书长确保有效地管理按照联大第44/236决议的要求所设立的减灾十年信托基金；

（b）建议捐助国应在其援助方案和预算内增加对减灾十年信托基金的捐款。通过该基金的拨款，提高在双边或多边基础上进行防灾、减灾和备灾工作的优先地位，以便充分支持《横滨战略和行动计划》的执行，尤其是在发展中国家；

（c）防灾和减灾应当成为多边资金机构不可分割的一部分，包括区域发展银行资助的发展项目；

（d）采取有效的办法，包括上述13（b）所建议的手段，将减灾工作纳入发展援助方案中；

（e）确保有关减灾研究和科学技术发展领域的合作，以便提高发展中国家减少灾害易损性的能力；

（f）"国际减轻自然灾害十年"信托基金应优先为设立和加强容易受灾的发展中国家，特别是最不发达国家、内陆发展中国家和小岛屿发展中国家的早期警报系统筹措资金；

（g）确保在制定项目时，要注意减少，而不是增加灾害的易损性；

（h）扩大减灾政策和技术的信息交流；

（i）鼓励和支持旨在确定易损性适当指标的尝试；

（j）重申高级特别委员会和科学技术委员会在推进"减灾十年"活动，特别是提高对减灾效益的认识方面所起的作用；

（k）加强联合国系统、政府间组织、非政府组织和有关私营机构在减灾活动和制订预案，以及更有效地利用现有资源方面的活动和合作；

（l）通过上述 13（b）措施，支持各国政府在国内和区域为执行《90 年代最不发达国家行动纲领》的优先领域进行的努力，支持《小岛屿发展中国家可持续发展行动框架》的行动规划。

（m）对联合国灾害管理和减灾系统现有机制提供广泛支持，以便根据要求向遭灾以及遭受诸如环境和技术灾害的国家提供咨询和实际援助；

（n）对"减灾十年"活动提供适当的支持，其中包括对减灾十年秘书处的支持，尤其为了确保《横滨战略和行动计划》的及时实施。为此，应当考虑尽可能地通过联合国的固定资金，保证减灾十年秘书处的职能及其连续性；

（o）确认需要充分协调国际减灾活动，并加强为此目的而建立的机制。国际协调主要针对制定提供减灾援助和评估的开发项目；

（p）优先设立或改进国家、区域和国际的警报系统，并更有效地传播警报消息；

（q）联合国系统对国际灾害管理的有效协调是全面减灾的关键，为此应该得到加强；

（r）在十年活动的末期，举行"减灾十年"回顾大会，以便制定 21 世纪继续开展减灾活动的战略。

B. 向减灾大会提出的建议①

三　后续行动

14. 为确保尽早和成功地实施《横滨战略和行动计划》，减灾大会决定：

（a）通过联合国经济及社会理事会向联合国第 49 届大会传达包括

---

① 详见减灾大会报告的附件。

《建立更安全的世界：横滨战略和行动计划》的报告；

（b）请联合国大会考虑通过一项决议，同意《横滨战略》，呼吁所有国家为实现"21 世纪更为安全的世界"这一目标而继续努力；

（c）将世界减灾大会的结果送达由联合国大会第 48/171 号决议决定于 1995 年举行的《支援最不发达国家行动纲领》实施情况全球中期审查会议；同时将此结果送达可持续发展委员会。根据该委员会的多年工作计划，将 1996 年对小岛屿发展中国家可持续发展行动计划的执行情况进行初步评审；

（d）重申在 2000 年之前大量减少灾害造成的生命损失和财产损坏的重要性，强调在下一世纪继续开展减灾进程的重大意义；

（e）请秘书长确保本次减灾大会的结果得到广泛的传播，如向有关国际和区域组织、多边金融机构和区域开发银行转交《横滨战略》；

（f）请"减灾十年"秘书处将本次减灾大会的结果通知各国减灾十年委员会和中心、有关非政府组织、科学和技术协会以及私营部门，并在 2000 年之前由这些机构审查《横滨战略和行动计划》的执行情况，以及进一步的规划；

（g）请联合国秘书长根据各国政府、区域和国际组织，包括多边金融机构和区域开发银行，联合国系统和非政府组织所提供的实施《横滨战略》的进展情况，向联合国大会提供年度报告；

（h）建议在大会临时日程中的"环境和可持续发展"题目中加入"世界减轻自然灾害大会结果的执行情况"的副标题；

（i）请联合国根据各国政府要求通过"减灾十年"秘书处，向提出要求的政府提供准备和制定灾害管理规划的技术援助。

《2005－2015 年兵库行动框架：加强国家和社区的抗灾能力》*

(2005 年 1 月 22 日在第二届联合国
世界减少灾害风险大会通过)

一　序言

1. 减少灾害问题世界会议于 2005 年 1 月 18~22 日在日本兵库县神户市举行，通过了《2005－2015 年行动框架：加强国家和社区的抗灾能力》（下称《行动框架》）。会议为促进从战略上系统地处理减轻对危害①的脆弱性②和风险提供了一次独特的机会。它突出了加强国家和社区抗灾能力的必要性，并为此确定了各种途径。③

A. 灾害造成的挑战

2. 灾害损失不断增多，对个人特别是穷人的生存、尊严和生计以及

---

* 资料来源：联合国：《减少灾害问题世界会议报告》（A/CONF. 206/6），2005 年 3 月 16 日，https://undocs. org/zh/a/conf. 206/6。

① 危害的定义是："具有潜在破坏力的自然事件、现象或人类活动，它们可能造成人的伤亡、财产损害、社会经济混乱或环境退化。危害可包括将来可能产生威胁的各种隐患，其原因有各种各样，有自然的（地质、水文气象和生物），也有人类活动引起的（环境退化和技术危害）。"联合国国际减少灾害战略机构间秘书处，日内瓦，2004 年。

② 脆弱性的定义是："自然、社会、经济和环境因素或活动所决定的条件，由于这种条件，一个社区更容易受到危害的影响。"联合国国际减少灾害战略机构间秘书处，日内瓦，2004 年。

③ 本《行动框架》的范围包括自然危害造成的灾害以及有关的环境和技术危害和风险。因此，它反映了从整体上和从多种危害的角度处理灾害风险管理的办法及相互关系，正如《横滨战略》[第一部分，B 节，(i) 段，第 7 页]强调的那样，这种危害和风险可能对社会、经济、文化和环境等系统造成严重的影响。

来之不易的发展成果造成严重后果。灾害风险日趋引起全球关注，一个区域的影响和行动可能影响另一个区域的风险，反之亦然。再加上变化的人口结构、技术和社会经济条件、无计划城市化、高风险地区的发展、发展不足、环境退化、气候变异性、气候变化、地质危害和对稀缺资源的竞争，以及艾滋病毒/艾滋病等流行病的影响等等问题使得脆弱程度加深，都表明将来的灾害可能会越来越危及全世界的经济及其人口和发展中国家的可持续发展。过去 20 年来，平均每年受灾害影响的有 2 亿多人。

3. 各种危害与自然、社会、经济和环境脆弱性相互作用，形成灾害风险。水文气象事件占灾害的大多数。尽管人们越来越认识到并承认减少灾害风险的重要性，而且灾害应对能力也在提高，但是灾害仍然是一个全球性挑战，就管理和减少风险而言尤其如此。

4. 现在，国际上开始认识到，减少灾害风险的努力必须系统地纳入可持续发展和减贫政策、计划和方案，并通过双边、区域和国际合作，包括伙伴关系给予支持。可持续发展、减贫、善治和灾害风险教育是相互支持的目标，要应对今后的挑战，就必须加紧努力，在社区和国家两级建立管理和减少风险所必要的能力。必须承认这种方法是实现国际议定的发展目标、包括《千年宣言》所载目标的一项重要内容。

5. 近年来，一些重要的多边框架和宣言①承认了在国家和地方两级以及在国际和区域两级促进减少灾害风险的努力的重要性。

B. 《横滨战略》：经验教训和查明的差距

6. 《建立一个更安全的世界的横滨战略：防灾、备灾和减轻自然灾害的指导方针及其行动计划》（"横滨战略"）于 1994 年通过，对减少灾害风险和灾害影响提供了具有里程碑意义的指导。

7. 对落实《横滨战略》的进展作的审查②确定了今后若干年在保证围绕可持续发展采取更系统的行动处理灾害风险以及通过加强国家和地

---

① 一些这样的框架和宣言列于本文件附件。

② 《建立一个更安全的世界的横滨战略和行动计划审查》（A/CONF. 206/L. 1）。

方管理和减少风险的能力来建设抗灾能力方面的主要挑战。

8. 这次审查强调了开展关于减少灾害风险问题的教育十分重要，认为重点在于必须采取更积极主动的方法，宣传和动员人民，使他们参与当地社区各方面的减少灾害风险问题教育。审查还着重指出，发展预算为实现减少风险目标而专门拨出的资源稀缺，不管是在国家一级还是在区域一级，抑或是通过合作与金融机制，都是如此；同时也指出，尚有很大潜力，可以更好地利用现有资源和现成做法，以更有效地减少灾害风险。

9. 确定的具体差距和挑战有以下五大方面：

（a）治理：组织、法律和政策框架；

（b）风险确定、评估、监测和预警；

（c）知识管理和教育；

（d）减少所涉风险因素；

（e）做好有效应对和恢复的准备。

以上是制订有关的 2005 ~ 2015 年十年期行动框架的主要方面。

二　减灾会议：宗旨、预期成果和战略目标

A. 宗旨

10. 减少灾害问题世界会议根据联合国大会的决定召开，有五个具体宗旨：①

（a）完成对《横滨战略》及其《行动计划》的审查并提出报告，以期更新 21 世纪减灾指导框架；

（b）确定具体活动，以确保执行《可持续发展问题世界首脑会议（约翰内斯堡执行计划）》中关于脆弱性、风险评估和灾害管理的有关规定；

---

① 按照联合国大会第 58/214 号决议。

（c）为实现可持续发展而交流促进减灾工作的最佳做法和经验教训，并确定存在的差距和挑战；

（d）增进对减少灾害政策的重要性的认识，从而便利和促进这些政策的执行；

（e）按照《可持续发展问题世界首脑会议（约翰内斯堡执行计划)》的有关规定，向各区域的民众和灾害管理机构提供更多与灾害有关的适当资料并提高这种资料的可靠性。

B. 预期成果

11. 考虑到上述宗旨，并根据《横滨战略》审查的结论，参加减少灾害问题世界会议（下称"会议"）的国家和其他行为者决心在今后十年努力取得以下预期成果：

在生命以及社区和国家的社会、经济和环境资产方面大幅度减少灾害损失。

要实现这一成果，所有有关行为者，包括政府、区域和国际组织、包括志愿人员在内的民间社会、私营部门和科学界等，都必须做出充分的承诺和参与。

C. 战略目标

12. 为获得这一预期成果，会议决定通过以下战略目标：

（a）更有效地将灾害风险因素纳入各级的可持续发展政策、规划和方案，同时特别强调防灾、减灾、备灾和降低脆弱性；

（b）在各级政府特别是在社区一级发展和加强各种体制、机制和能力，以便系统地推动加强针对危害的抗灾能力；①

---

① 抗灾能力："可能受到危害的一个系统、社区或社会的适应能力，它通过抵御或变革，在职能和结构上达到或保持可接受的水平。其中起决定作用的是社会系统在何种程度上能够组织起来，通过从过去的灾害中获取经验而提高这种能力，改善将来的保护，加强减少风险的措施。"联合国国际减少灾害战略机构间秘书处，日内瓦，2004 年。

（c）系统地将减少风险办法纳入受灾害影响的社区的应急准备、应对和恢复方案的设计和落实活动。

三 2005～2015 年行动重点

A. 一般因素

13. 在为达到预期成果和战略目标而确定适当的行动时，会议重申将考虑以下一般因素：

（a）在当前减灾承诺越来越多的情况下，《横滨战略》所载原则保持其完全适用性；

（b）考虑到国际合作和伙伴关系的重要性，各国在自己的可持续发展和采取有效措施减少灾害风险方面负有首要责任，包括保护境内的人民、基础设施和其他国家财产不受灾害影响。同时，在全球日益相互依存的情况下，需要形成协调的国际合作和有利的国际环境，以刺激和推动发展各级减少灾害风险所需的知识、能力和积极性；

（c）易受害国家在可持续发展政策、规划和方案以及灾后和冲突后救济、重建和恢复活动中应考虑针对减少灾害风险的兼顾诸多危害的综合办法；①

（d）应将性别观纳入所有灾害风险管理政策、计划和决策进程，包括与风险评估、预警、信息管理以及教育和培训有关的灾害风险管理政策、计划和决策进程；②

（e）在制定减少灾害风险的计划时应适当考虑文化多样性、不同年龄组和弱势群体；

---

① 2002 年 8 月 26 日至 9 月 4 日南非约翰内斯堡可持续发展问题世界首脑会议《约翰内斯堡执行计划》，第 37 段和第 65 段。

② 如联合国大会第二十三届特别会议所重申的，这次特别会议的标题是："2000 年妇女：二十一世纪两性平等、发展与和平。"

（f）社区和地方当局都应获得采取减少灾害风险的行动所必需的信息、资源和权力，从而有能力管理和减少灾害风险；

（g）易受灾害的发展中国家，特别是最不发达国家和小岛屿发展中国家，应受到特别的注意，因为它们的脆弱程度和风险程度较高，往往远超过它们应对灾害和从灾害中恢复的能力；

（h）在减少灾害风险方面，需要加强国际和区域合作和援助，特别是通过以下途径：

·转让知识、技术和专门知识，以增强在减少灾害风险方面的能力建设

·交流研究结果、经验教训和最佳做法

·汇编所有灾害等级的灾害风险和影响方面的资料，以便为可持续发展和减少灾害风险的工作提供信息

·提供适当支持，以加强各级减少和管理灾害风险、提高认识活动和能力开发措施方面的治理，提高发展中国家的抗灾能力

·充分、迅速和有效落实执行增加优惠的重债穷国倡议，同时考虑灾害对发展中国家造成债务难以持续承受的影响

·提供资金援助，减少现有风险，避免产生新的风险

（i）培养防范意识，包括通过为减少灾害风险充分调集资源，是一种有巨大回报的对将来的投资。风险评估和预警系统是非常重要的投资，能够保护和拯救生命、财产和生计，促进可持续发展；与主要依靠灾后应对和恢复相比，它们在加强处理机制方面的成本效益要高得多；

（j）还必须采取积极主动的措施，同时铭记：灾后救济、复原和重建的各阶段是重开生计以及规划和重建有形结构和社会经济结构的机会，使社区能建立起抗灾能力，降低对未来灾害风险的脆弱程度；

（k）减少灾害风险是可持续发展中贯穿各领域的问题，因此也是实现国际议定发展目标、包括实现《千年宣言》所载目标的一大要素。此外还应尽力利用人道主义援助，以尽量减少风险和未来的脆弱程度。

B. 行动重点

14. 根据对《横滨战略》审查的结论以及在减少灾害问题世界会议上

的讨论情况，特别是议定的预期成果和战略目标，会议通过了以下五个行动重点：

（a）确保减少灾难风险成为国家和地方的优先事项并在落实方面具备牢固的体制基础；

（b）确定、评估和监测灾难风险并加强预警；

（c）利用知识、创新和教育在各级培养安全和抗灾意识；

（d）减少潜在的风险因素；

（e）在各级为有效反应加强备灾。

15. 在处理减少灾害风险问题时，国家、区域组织和国际组织以及其他有关行为者应逐个考虑上述五个重点所列的主要活动，并应根据自己的情况和能力予以适当落实。

1. 确保减少灾害风险成为国家和地方的优先事项并在落实方面具备牢固的体制基础

16. 各国，凡制定减少灾害的政策、立法和体制框架，并能够通过可测量的具体指标推行发展和推动进展情况的，均有较强的能力管理风险，并在社会各阶层就减少灾害风险措施达成普遍共识、实现共同参与和按照这些措施的要求行事。

主要活动：

（一）国家机制和立法框架

（a）支持建立和加强关于减少灾害风险的多部门的国家论坛①等国家综合机制，并为其规定从国家一级到地方各级促进跨部门协调的责任。国家论坛也应促进跨部门协调，包括在国家和区域两级保持基础广泛的对话，以提高有关部门的认识。

（b）酌情将减少风险纳入各级政府的发展政策和规划，包括纳入减

---

① 联合国经济及社会理事会第 1999/63 号决议以及联合国大会第 56/195 号、第 58/214 号和第 58/215 号决议要求建立减少灾害问题国家论坛。"国家论坛"一词是一个通称，系指在减少灾害风险方面作协调和提供政策指导的国家机制，这种机制必须是多部门和多学科性的，有公共部门、私有部门和民间社会的参与，涉及一国的所有有关实体（酌情包括存在于国家一级的联合国机构）。国家论坛是国际减少灾害战略的国家机制。

贫战略以及部门和多部门政策和计划。

（c）通过或者必要时修订立法以支持减少灾害风险，包括鼓励遵守立法以及加强对开展减少和减缓风险活动的奖励的条例和机制。

（d）认识地方风险形态和趋势的重要性和具体性，酌情将减少灾害风险的责任和资源下放到国家级以下部门或地方部门。

（二）资源

（e）评估各级在减少灾害风险方面的现有人力资源能力，拟订旨在达到当前和将来的要求的能力建设计划和方案。

（f）按照行动的明确优先顺序，在所有相关部门和各级行政及预算中为制定和落实减少灾害风险方面的灾害风险管理政策、方案、法律和条例拨出资源。

（g）政府应表现出必要的坚定政治决心，促进减少灾害风险并将此项工作纳入发展规划。

（三）社区参与

（h）采取具体政策、推广联网、对志愿资源实行战略管理、分明作用和责任、划定和提供必要的权力和资源，以推动社区参与减少灾害风险。

2. 确定、评估和监测灾害风险并加强预警

17. 减少灾害风险和培养抗灾意识的出发点是，了解各种危害以及在自然、社会、经济和环境方面大多数社会在灾害方面的脆弱性，了解危害和脆弱性的短期和长期变化方式，然后在这种了解的基础上采取行动。

主要活动：

（一）国家和地方风险评估

（a）以适当的格式编制和定期更新风险分布图和有关资料，并向决策者、公众和面临风险的社区广为散发。①

（b）制订以国家一级和国家以下各级为尺度的灾害风险和脆弱性指

---

① 关于本纲领的范围，见附录 2 第一页脚注①、②和③。

标体系，使决策者能够分析灾害对社会、经济和环境条件的影响，① 并向决策者、公众以及面临风险的群众传播结果。

（c）通过国际、区域、国家和地方机制，定期记录、分析、归纳并传播灾害发生率、影响和损失的统计资料。

（二）预警

（d）发展以人为本的预警系统，特别是报警及时、面临风险者易懂的系统，其中应考虑目标受众的人口结构、性别、文化和生计特点，包括在警报时如何行动的指导，同时又能支持灾害管理者和其他决策者的有效工作。

（e）作为预警系统的一部分，建立、定期审查并维持信息系统，以确保发生警报/紧急情况时采取迅速和协调的行动。

（f）建立体制能力，确保将预警系统妥为纳入国家和地方各级政府的政策和决策进程以及应急管理系统，并作经常性的系统测试和性能评估。

（g）落实2003年在德国波恩举行的第二次预警问题国际会议的成果，② 包括通过加强所有有关部门和行为者在预警链中的协调与合作，使预警系统充分有效。

（h）落实旨在进一步实施《小岛屿发展中国家可持续发展行动框架》的《毛里求斯战略》的成果，包括建立和加强有效的预警系统以及其他缓解和应对措施。

（三）能力

（i）为研究、观测、分析、绘图及可能情况下预报自然危害和有关危害、脆弱性和灾害影响方面所需基础设施及科学、工艺、技术、体制能力的发展和可持续性提供支持。

（j）酌情在国际、区域、国家和地方各级，为评估、监测和预警，支持开发和改进有关数据库，促进充分公开的交换和传播数据。

---

① 见附录2第一页脚注①、②和③。
② 根据联合国大会第58/214号决议的建议。

（k）通过研究、伙伴合作、培训和技术能力建设，支持改善风险评估、监测和预警的科技方法和能力。推广应用现场和天基对地观测、航天技术、遥感、地理信息系统、危害模拟和预测、气象和气候模拟和预报、通信工具、对风险评估和预警的成本和效益研究。

（l）建立和加强记录、分析、归纳、传播和交换危害分布图绘制、灾害风险和损失统计资料和数据方面的能力；支持研究制订共同的风险评估和监测方法。

（四）区域风险和正在形成的风险

（m）对区域灾害风险、影响和损失的统计资料和数据酌情加以汇集和标准化。

（n）酌情开展区域和国际合作，通过区域管理有关的安排，评估和监测区域和跨界危害，并交换信息和提供预警。

（o）研究、分析并报告可能增加脆弱性和风险或提高主管部门和社区应对危害能力的长期变化和新出现的问题。

3. 利用知识、创新和教育在各层面培养安全和抗灾意识

18. 要大幅度减少灾害，人民就要充分知情，并积极培养防灾抗灾意识，这反过来需要收集、汇编和传播有关危害、脆弱性和能力的知识和信息。

主要活动：

（一）信息管理和交换

（a）向各地区群众特别是向高风险地区群众提供关于灾害风险和各种防护办法的易懂信息，以鼓励和帮助人民采取行动，减少风险和加强抗灾能力。在这些信息中应包含有关的传统知识和土著知识及文化遗产，并适合于不同的目标受众，同时也考虑文化和社会因素。

（b）加强各部门之间和区域之间灾害专家、管理人员和规划者的网络；并在一些机构和其他重要行为者拟订当地的减少风险计划时，建立或加强利用现有专门知识的程序。

（c）推动和改进科学界与实际从事减少灾害风险工作的人之间的对话与合作，鼓励利害关系方、包括从事减少灾害风险工作所涉社会经济事务的利害关系方之间发展伙伴关系。

（d）促进使用和应用最新信息、通信技术及相关服务和对地观测，并使这些技术和服务在价格上更为易于承受，以支持减少灾害风险，特别是在培训以及各类用户分享和传播信息方面。

（e）在中期，制定使用便利的地方、国家、区域和国际目录、清单、国家信息分享系统和服务，以便在良好做法、成本效益和便于使用的灾害风险减少技术、灾害风险减少政策、计划和措施的经验教训方面交换信息。

（f）处理城市发展问题的机构应在建筑、土地购买和出售之前向公众提供减少灾害风险的各种方法方面的信息。

（g）更新和广泛传播有关减少灾害风险的国际标准术语，至少是使用联合国所有正式语文的此类术语，以便用于方案编制和体制发展、业务工作、研究、培训课程和宣传方案中。

（二）教育和培训

（h）促进将减少灾害风险的知识列入各级学校课程的有关部分，利用其他正式和非正式渠道让青少年和儿童了解情况；促进将减少灾害风险列为联合国可持续发展教育十年（2005～2015 年）的固有内容之一。

（i）促进在高等院校落实地方风险管理和备灾课程。

（j）促进在学校内落实各种课程和活动，学习如何尽量减少危害的影响。

（k）针对具体部门（发展规划者、应急管理者、地方政府官员等等）制订管理和减少灾害风险的培训和学习课程。

（l）酌情考虑志愿人员的作用，推广以社区为基础的培训举措，提高当地缓解和应付灾害的能力。

（m）确保妇女和弱势群体能平等获得适当的培训和教育机会。作为减少灾害风险教育和培训的一个组成部分推动对性别和文化敏感的培训。

（三）研究

（n）改善预测型多风险评估方法和各级减少风险行动的社会经济成本效益分析法；将这些方法纳入区域、国家和地方各级的决策进程。

（o）提高科技能力，以研订和应用各种方法、研究报告和模型，据以评估地质、气象、水和与气候有关的危害方面的脆弱性和这些危害的影响，包括改进区域监测能力和评估。

（四）公众意识

（p）促进媒体的参与，以推动形成抗灾意识以及社区积极参与社会各阶层持久的公众教育运动和公众协商。

4. 减少所涉风险因素

19. 社会、经济、环境情况和土地利用变化以及与地质事件、气象和水、气候变异性和气候变化有联系的危害所涉灾害风险，既要在灾后情况下加以处理，也要在部门发展规划和方案中加以处理。

主要活动：

（一）环境和自然资源管理

（a）鼓励可持续利用和管理生态系统，包括通过改进土地利用规划和发展活动，以减少风险和脆弱性。

（b）采取综合性的环境和自然资源管理方法，并纳入减少灾害风险，包括结构性措施和非结构性措施，[①] 如综合性水灾管理和对脆弱生态系统的适当管理。

（c）促进将减少与现有气候变异性和未来气候变化相关的风险的事项纳入减少灾害风险战略和气候变化适应战略内。这将包括明确查明与气候有关的灾害风险、设计减少具体风险的措施，以及规划者、工程人员和其他决策者加强并例行利用气候风险信息。

（二）社会和经济发展做法

（d）促进粮食安全，将其作为确保社区抗危害能力的一个重要因素，特别是在易旱、易涝、易遭飓风的地区和其他可削弱以农业为基础且危害生计的易发地区。

（e）将减少灾害风险的规划纳入卫生部门。促进达到建立"能在灾

---

① "结构性措施系指为减少或避免危害可能带来的影响而构筑的任何有形建筑，包括工程措施以及建造抵御和防御危害的结构和基础设施。非结构性措施系指政策、认识、知识开发、公众承诺、方法和操作法，包括参与型机制和提供信息，以减少风险和有关的影响。"联合国国际减少灾害战略机构间秘书处，日内瓦，2004 年。

害中保障安全的医院"的目标；为此要确保所有新建医院具备一定的抗灾水平，以提高在灾害情况下保持运作的能力，以及采取缓解措施加强已有卫生设施、特别是提供初级保健的卫生设施的能力。

（f）通过适当设计、改造和改建，保护并加强关键的公共设施和有形基础设施、特别是学校、诊所、医院、水厂和发电厂、通信和交通生命线、灾害警报和管理中心以及有文化意义的土地和结构，使其能有充分的抗危害能力。

（g）加强落实社会保障网机制，援助受灾害影响的穷人、老年人、残疾人和其他群体。加强灾后复苏安排，包括心理社会培训方案，以缓解弱势群体尤其是儿童的心理伤害。

（h）将灾害风险减少措施纳入灾后复苏和复原进程，[①] 利用复苏阶段的机会发展减少灾害风险的长期能力，包括通过分享专门知识、知识和经验教训。

（i）努力设法根据情况确保为国内流离失所者实施的方案不致增加受危害的风险和脆弱度。

（j）向高风险地区的人口推广多样的创收途径，以减少他们对危害的脆弱性；确保他们的收入和资产不受发展政策和进程的影响。

（k）促进资金风险分担机制的发展，特别是对灾害的保险和再保险。

（l）促进建立公私伙伴关系，更好地吸收私营部门参与减少灾害风险活动；鼓励私营部门培养防灾意识，进一步重视灾害评估和预警系统等灾前活动，并为此拨出资源。

（m）为处理灾害风险发展和推广替代性的和创新的资金办法。

（三）土地利用规划和其他技术措施

（n）将灾害风险评估纳入易受灾害的人类住区、特别是人口密集地区和快速城市化住区的城市规划和管理。高风险地区非正规或非永久性住房和建房地点的问题应作为重点处理，包括在城市减贫及贫民窟改建方案的框架内予以处理。

---

① 根据联合国大会第 46/182 号决议所载的原则。

（o）将灾害风险因素纳入主要基础设施项目规划程序的主流，包括设计标准、这种项目的合作与落实以及根据社会经济和环境影响评估所考虑的因素。

（p）在土地利用政策和规划的范围内发展、改进和鼓励减少灾害风险的指南和监测手段。

（q）将灾害风险评估纳入农村发展规划和管理，特别是在山区和沿海洪泛平原地区，包括通过确定现有的、对人居安全的地区。

（r）酌情在国家或地方各级鼓励修订现行建筑规范、标准、恢复和重建做法或拟订新的建筑守则、标准、恢复和重建做法，使之更适用于当地情况，特别是适用于非正规和边缘化民居的情况；并通过以协商一致为基础的办法，鼓励提高落实、监测和执行这种规范的能力，以发展抵御灾害的结构。

5. 在各级为有效反应加强备灾

20. 如果易受危害地区的主管部门、个人和社区准备充分，随时可采取行动，并具备有效的灾害管理的知识和能力，发生灾害时就能够大大减少影响和损失。

主要活动：

（a）加强区域、国家和地方灾害管理政策、技术和体制能力，包括与技术、培训以及人力和物力资源有关的能力。

（b）推动和支持各级预警、灾害风险减少、灾害应对、发展和其他有关机关和机构之间的对话、信息交换和协调，以形成减少灾害风险的整体办法。

（c）加强并在必要时发展协调的区域办法，建立或更新区域政策、行动机制、计划和通信系统，以备和确保在国家处理能力所不及的情况下做出迅速有效的灾害反应。

（d）准备或审查并定期更新各级的备灾及应急计划和政策，特别要着重于最脆弱的地区和群体。促进经常性的备灾活动，包括撤离演习，以便确保迅速有效的灾害反应，并获得适合当地需要的基本食物和非食物救济品。

（e）酌情推动建立应急基金，以支持应对、恢复和备灾措施。

（f）发展具体机制，吸收包括各社区在内的有关利害关系方积极参与和掌握减少灾害风险的工作，特别是在志愿精神的基础上。

四 落实和后续行动

A. 一般因素

21. 本《行动框架》规定的战略目标和行动重点的落实与后续活动，应由各利害关系方采取包括发展部门在内的多部门办法予以处理。呼吁国家、区域组织和国际组织，包括联合国和国际金融机构，将减少灾害风险的考虑纳入它们各级的可持续发展政策、规划和方案。民间社会，包括志愿者和社区基层组织、科学界和私营部门是各级支持落实危害风险减少的关键利害关系方。

22. 各国对自己的社会经济发展负有主要责任，但有利的国际环境也是至关重要的，它能刺激和促进增加知识、提高能力、激发积极性，这些都是建设有抗灾能力的国家和社区所需的。国家、区域组织和国际组织应根据增强的国际减少灾害战略，促进联合国、其他国际组织、包括国际金融机构、区域机构、捐助机构和从事灾害风险减少工作的非政府组织之间的战略协调。今后几年应考虑确保落实和加强与减少灾害风险有关的国际法律文书。

23. 国家、区域组织和国际组织还应酌情支持区域机制和区域组织制订区域计划、政策和共同做法的能力，以支持联网、宣传、协调、交流信息和经验、对危害和脆弱性的科学监测、体制能力发展，并处理灾害风险。

24. 鼓励所有行为者自愿在各级酌情建立多利害关系方伙伴关系，促进落实本《行动框架》。还鼓励国家和其他行为者推动加强或建立国家、区域和国际志愿团，国家和国际社会可用以推动处理脆弱性和减少灾害风险。①

---

① 根据联合国大会第 58/118 号决议和美洲国家组织第 2018（XXXIV - 0/04）号决议。

25. 旨在进一步实施《小岛屿发展中国家可持续发展的巴巴多斯行动框架》的《毛里求斯战略》强调，从自然灾害和环境灾害及其不断加剧的影响来看，小岛屿发展中国家地处世界最脆弱区域，面临高于一般的经济、社会和环境后果。小岛屿发展中国家已承诺要为更有效的灾害管理而加强各自的国家网络，并且决心在国际社会的必要支持下提高国家的灾害缓解、备灾和预警能力，提高对减灾的公众意识，促成跨学科和跨部门的伙伴关系，将风险管理纳入国家规划进程，处理与保险和再保险安排有关的问题，以及增强预测和应对紧急情况的能力，包括增强预测和应对自然灾害及环境灾害所致影响人类住区的经济情况的能力。

26. 鉴于最不发达国家在灾害应对和恢复方面的脆弱性特别高、能力特别不足，应优先支持最不发达国家实施旨在落实本《行动框架》的实质性方案和相关体制机制，包括通过有关减少灾害风险的资金援助和技术援助以及能力建设，以此作为预防和应对灾害的有效和可持续手段。

27. 非洲的灾害对于非洲大陆争取实现可持续发展的努力是一种重大的障碍，考虑到该区域预测、监测、处理和缓解灾害的能力不足则尤其如此。降低非洲人民在危害面前的脆弱性是包括保护过去发展成果的努力在内的减贫战略的必要内容。需要通过资金援助和技术援助加强非洲国家的能力，包括观测和预警系统、评估、预防、备灾、应对和恢复。

28. 减少灾害问题世界会议的后续行动要酌情确定为与其他有关减少灾害风险的主要会议后续工作的组成部分和协调部分。[①] 这方面应包括具体联系减少灾害风险方面的进展，同时考虑到议定的发展目标，包括《千年宣言》中提出的目标。

29. 将以适当方式审查 2005~2015 年时期内执行本《行动框架》的情况。

B. 国家

30. 所有国家应本着强烈的主人感，并与民间社会和其他利害关系方

---

① 如联合国大会第 57/270B 号决议所定。

合作，在财力、人力和物力范围内，同时结合与减少灾害风险有关的本国法律要求和现行国际文书，在国家和地方各级努力完成以下任务。国家还应按照第33和第34段，在区域和国际合作中做出积极贡献。

（a）根据本国的能力、需要和政策，准备并公布对减少灾害风险状况的国家基线评估；酌情与有关的区域和国际机构分享这一信息；

（b）为执行和贯彻本《行动框架》指定适当的国内协调机制，将情况通报给国际减少灾害战略秘书处；

（c）公布并定期更新与本《行动框架》有关的减少灾害风险的国家方案摘要，包括关于国际合作情况的摘要；

（d）制订对照本《行动框架》审查国家所取得的进展情况的程序，其中应包括成本效益分析制度和对脆弱性和风险不断进行监测和评估，特别是酌情顾及易受水文气象和地震危害的地区；

（e）将减少灾害风险的进展情况酌情纳入关于可持续发展的现有国际框架和其他框架的报告机制。

（f）酌情考虑加入、核可或批准减灾方面的有关国际法律文书，而这些文书的缔约国则应采取措施加以有效执行；[1]

（g）促进将有关目前气候变异性和未来气候变化的减少风险工作纳入减少灾害风险战略和适应气候变化战略。确保减少灾害风险的方案中充分顾及与地震和山崩等地质危害有关的风险的管理。

C. 区域组织和机构

31. 请在减少灾害风险方面发挥作用的区域组织根据它们的任务、优先事项和资源完成以下任务：

（a）推广区域方案，包括技术合作、能力开发、危害和脆弱性监测和评估的方法和标准的拟订、分享信息和有效调集资源等方面的方案，以支持国家和区域努力实现本《行动框架》的目标；

---

① 诸如2005年1月8日生效的《关于向减灾和救灾行动提供电信资源的坦佩雷公约》（1998）。

（b）根据它们的任务确定的需要，开展分区域基线评估并公布对减少灾害风险状况的区域；

（c）协调对区域进展情况以及障碍和所需支持的定期审查并公布审查结果，以及根据请求协助各国编写它们的方案和进展情况的国家定期概要；

（d）酌情建立区域专门合作中心或加强现有此类中心，以开展减少风险灾害领域的研究、培训、教育和能力建设工作；

（e）支持发展针对包括海啸在内的灾害的区域预警机制和能力。①

D. 国际组织

32. 呼吁国际组织，包括联合国系统的组织和国际金融机构，根据各自的权限、优先事项和资源完成以下任务。

（a）通过鼓励加强联系、一致并将减少灾害风险的内容纳入本《行动框架》所列人道主义和可持续发展领域，充分开展支持和执行《国际减少灾害战略》的工作，合作促进加强国家和社区抗灾能力的综合办法；

（b）通过适当途径和协调，加强联合国系统援助易受灾发展中国家减少灾害风险的总体能力；以《国际减少灾害战略》为基础，确定并采取适当措施，定期评估它们在实现本《行动框架》所载目标和优先事项方面的进展情况；

（c）确定援助易受灾发展中国家执行本《行动框架》的有关行动；确保酌情将有关行动纳入各组织自身的科学、人道主义和发展部门、政策、方案和做法，并为落实这一切拨出充分的资金；

（d）协助易受灾发展中国家为减少灾害风险制定国家战略及行动计划和方案，发展本《行动框架》所定减少灾害风险方面的体制能力和技术能力；

---

① 联合国秘书长设立的联合国水和卫生咨询委员会已紧急呼吁争取在 2015 年以前将包括海啸在内的与水有关的重大灾害所致生命损失减少一半。

（e）将支持执行本《行动框架》的行动纳入有关协调机制，诸如联合国发展集团和（人道主义行动）机构间常设委员会，包括在国家一级以及通过驻地协调员制度和联合国国家工作队。此外，在共同国家评估、联合国发展援助框架和减贫战略等发展援助框架内顾及减少灾害风险的因素；

（f）与现有网络和论坛密切配合，合作支持全球一致的数据收集以及预报所有级别的自然危害、脆弱性、风险和灾害影响。这些举措应包括制定标准、维持数据库、制定指标和指数、支持预警系统、充分公开地交换数据、利用现场和遥感观测；

（g）支持各国按受影响国家的要求并根据经济救济援助和协调安排的议定指导原则提供适当、及时和协调的国际救济援助。[1] 提供这种援助的目的是减少风险和脆弱性、提高能力，确保对城市搜救援助的国际合作做出有效安排。[2] 确保国家和地方各级组织为迅速的国际反应能达到受影响地区做出安排，并加强与灾后恢复工作和减少风险的适当联系；

（h）加强国际机制，以支持受灾国向可持续的物质、社会和经济恢复过渡或并减少今后的风险。这应包括支持灾后恢复和复原过程中的减少风险活动，与有关国家、专家和联合国组织交流良好做法和知识，并向它们提供技术支持；

（i）在对包括风险的减少、准备、应对和恢复在内的灾害风险管理的一种机构间共同战略目光和框架的基础上，加强和调整现行机构间灾害管理培训方案。

E. 《国际减少灾害战略》

33. 请《国际减少灾害战略》的伙伴，特别是减灾问题机构间工作队及其成员与有关的国家机构、区域机构、国际机构和联合国机构合作，并在《国际减少灾害战略》机构间秘书处的支持下，参照当前机制和体制安

---

① 由联合国大会第 46/182 号决议确定。

② 努力一致执行联合国大会第 57/150 号决议。

排审查工作①完成后做出的决定，在以下方面协助执行本《行动框架》。

（a）制定一个支持落实本《行动框架》的作用和倡议的矩阵，有工作队成员和其他国际伙伴的参与；

（b）根据各自的任务，促进联合国系统各组织内以及其他有关的国际和区域实体之间有效和综合行动的协调，以便用有关的国家、区域和国际专门知识，支持执行本《行动框架》，找出执行方面的差距，促进为各优先领域制定指南和政策工具的协商进程；

（c）征求有关联合国机构和组织、区域组织和多边组织、科技机构以及有关国家和民间团体的意见，铭记各国具备的资源，争取制定通用、现实和可计量的指标。这些指标可协助各国评估执行本《行动框架》的进展。指标应符合国际议定的发展目标，包括《千年宣言》所载目标；鼓励各国在以上所述第一阶段完成后，参考通用指标，进而制定或完善反映各自减少灾害风险方面重点的国家指标；

（d）通过协调的区域减灾设施，在区域方案和有关伙伴的外联顾问的基础上，确保支持减少灾害的国家论坛，包括通过区域协调及明确界定国家论坛的任务和增值作用，支持本《行动框架》所列的各种倡导和政策需要及优先事项；

（e）与可持续发展委员会秘书处协调，确保它的可持续发展伙伴关系数据库记录促进执行《行动框架》的有关伙伴关系；

（f）激励对最佳做法、经验教训、现有技术和方案的交换、整理、分析、归纳和传播，作为国际信息交换所，支持减少灾害风险。维持一个减少灾害风险的全球信息平台，并以万维网为基础维持一个由国家落实和通过区域和国际伙伴关系落实的减少灾害风险方案和倡议的登记册"总汇"；②

（g）定期编制对实现本《行动框架》的目标和优先事项的进展情况

---

① 目前正在对联合国系统减灾方面的体制安排进行审查，将于减少灾害问题世界会议之后完成，届时将提出关于《国际减少灾害战略》作用及业绩的评价意见。

② 用作分享减灾努力的经验和方法的工具。请国家和区域组织考虑会议成果在全球的进展情况，在自愿的基础上登记各自的努力，以积极促进增强知识的进程。

的审查报告，按联合国大会授权对联合国各次会议和首脑会议的综合和协调的后续活动和落实进程，① 并根据国家论坛、区域和国际组织以及其他利害关系方提供的信息，按要求或酌情向大会或联合国其他机构提交报告和概要，包括说明对预警问题第二次国际会议（2003 年）的建议的落实情况。②

F. 资源调集

34. 各国应在财政能力范围内，区域组织和国际组织应通过适当的多边、区域和双边协调和机制，执行以下任务，以调集必要的资源，支持本《行动框架》的执行：

（a）调集有关国家、区域机构和国际机构、包括联合国系统的适当资源和能力；

（b）安排并通过双边和多边渠道支持，易受灾发展中国家执行本《行动框架》，包括通过资金和技术援助、处理债务的可持续能力、技术转让和公私伙伴关系，并鼓励北南和南南合作。

（c）将减少灾害风险的措施适当纳入多边和双边发展援助方案的主流，其中包括与减贫、自然资源管理、城市发展和气候变化适应有关的方案；

（d）向联合国减少灾害信托基金提供充分的捐款，以努力确保充分支持本《行动框架》的后续活动。审查该基金当前使用情况及加以扩展的可行性，以便协助易受灾发展中国家制定减少灾害风险的国家战略；

（e）建立伙伴关系，以执行能够分散风险、减少保险费、扩大保险范围从而为灾后重建和恢复提供更多资金的各种办法，酌情包括通过公私方伙伴关系予以执行。酌情促进能鼓励发展中国家形成保险意识的环境。

---

① 联合国大会第57/270B 号决议、联合国各次会议的后续活动以及联大关于执行《国际减少灾害战略》的各项决议请秘书长在"可持续发展"下向大会第二委员会提交报告（54/219、56/195、57/256、58/214、58/215、C. 2/59/L. 7）。

② 联合国大会第58/214 号决议。

附件

与减少灾害风险有关的一些多边动态

以下是与本文件有关的部分多边框架和宣言:①

－2005 年 1 月在毛里求斯举行的审查《小岛屿发展中国家可持续发展行动框架》执行情况国际会议②呼吁做出更大的承诺，以降低小岛屿发展中国家由于灾害应对和恢复能力有限而存在的脆弱性。

－红十字和红新月国际会议 2003 年 12 月通过的《人道主义行动议程》列入了"减少灾害风险和影响，加强准备和应对机制"的目标和行动。

－2002 年举行的可持续发展问题世界首脑会议的《约翰内斯堡执行计划》③ 第 37 段在开头语下要求采取行动："在 21 世纪，为了使世界更加安全，必须采取综合、对付多种危害和广泛包含的方法来处理脆弱性、风险评估和灾害管理的问题，包括预防、减轻、事先准备、应付和复原"，支持将《国际减少灾害战略》作为第一项行动。2014～2015 年可持续发展委员会的多年工作方案作为整个方案的贯穿各领域的主题列入了"脆弱性、风险减少和灾害管理"这一主题。

－2001 年通过的第三份《支援最不发达国家行动框架》④ 要求发展伙伴采取行动，在执行《国际减少灾害战略》的实质方案和体制安排中优先注意这些国家。

－2000 年 9 月《千年宣言》⑤ 确定了"保护脆弱者"和"保护我们的共同环境"的关键目标，决心"加紧合作，减少自然和人为灾害的数

---

① 有关框架和宣言的进一步详细清单，见信息文件：《1994－2003 年国际政策倡议中与减少灾害风险有关的内容摘录》，机构间减灾工作组第九次会议，2004 年 5 月 4 日至 5 日。

② 联合国大会第 58/213 号决议。进一步执行《小岛屿发展中国家可持续发展行动框架》。

③ A/CONF. 199/20。

④ A/CONF. 191/11。

⑤ 联合国大会第 55/2 号决议。

量和影响"。2005 年 7 月将举行一次会议，综合审查《联合国千年宣言》所载所有承诺的履行进展情况。①

– 《国际减少灾害战略》于 2000 年由经济及社会理事会和联合国大会作为一个机构间的框架和机制（机构间减灾工作组和机构间秘书处）发起，② 以充当联合国系统内的一个联络点，其任务是：在《横滨战略和行动计划》的基础上，作为对国际减轻自然灾害十年的后续行动，提高公众认识，加强公众承诺，扩大网络和伙伴关系，增加对灾害原因和各种减灾办法的认识。

– 2002 年举行的可持续发展问题世界首脑会议的《约翰内斯堡执行计划》③ 请政府间气候变化专门委员会"改进评估气候变化影响的技术和方法，并鼓励继续评估这种不利的影响"。联合国大会④还鼓励《联合国气候变化框架公约》缔约方会议⑤及其《京都议定书》⑥（20 05 年 2 月生效）缔约方继续处理气候变化的不利影响，尤其是在特别脆弱的发展中国家。联合国大会⑦还鼓励政府间气候变化专门委员会继续处理气候变化对发展中国家社会经济体系和自然灾害减少体系的不利影响。

– 《关于向减灾和救灾行动提供电信资源的坦佩雷公约》（1998）于 2005 年 1 月 8 日生效。

– 减少灾害问题世界会议在国际减轻自然灾害十年的中期审查的基础上通过了《为了一个更安全的世界：横滨战略和行动计划》⑧（1994 年）。

– 《联合国关于在发生严重干旱和/或荒漠化的国家、特别是在非洲

---

① 联合国大会第 58/291 号决议。
② 联合国大会第 58/291 号决议。
③ A/CONF.199/20，第 37e 段。
④ 联合国大会关于自然灾害和脆弱性的决议（59/233 和 58/215）。
⑤ 《联合国条约集》，Vol.1771，No.30822。
⑥ FCCC/CP/1997/7/Add.1，第 1/CP.3 号决定，附件。
⑦ 联合国大会关于自然灾害和脆弱性的决议（59/233 和 58/215）。
⑧ A/CONF.172/9。

防治荒漠化的公约》[1] 于 1994 年通过，1996 年生效。《联合国生物多样性公约》[2] 于 1992 年通过，1993 年生效。

– 联合国大会[3]（1991 年）要求加强联合国在复杂的紧急情况以及自然灾害情况下紧急援助和人道主义援助的协调工作。大会回顾了《国际减轻自然灾害十年国际行动框架》（第 44/236 号决议，1989 年），为人道主义救济、准备工作和预防以及从救济到恢复与发展的全过程提出了指导原则。

---

[1] 《联合国条约集》，Vol. 1954，No. 33480。
[2] 《联合国条约集》，Vol. 1760，No. 30619。
[3] 联合国大会第 46/182 号决议。

《2015－2030 年仙台减少
灾害风险框架》①

（2015 年 3 月 18 日在第三届世界
减少自然灾害大会上通过）

一 序言

1.《2015－2030 年仙台减少灾害风险框架》是 2015 年 3 月 14～18 日在日本宫城县仙台市举行的第三次联合国世界减少灾害风险大会通过的，这是各国采取以下行动的一个独特机会：

（a）通过一个简明扼要、重点突出、具有前瞻性和面向行动的 2015 年后减少灾害风险框架；

（b）完成对《2005－2015 年兵库行动框架：加强国家和社区的抗灾能力》执行情况的评估和审查；

（c）审议通过区域和国家战略/机构减少灾害风险计划及其建议，以及执行《兵库行动框架》相关区域协定获得的经验；

（d）根据承诺确定执行 2015 年后减少灾害风险框架的合作方式；

（e）确定 2015 年后减少灾害风险框架执行情况的定期审查办法。

2. 在世界大会期间，各国还重申承诺在可持续发展和消除贫穷背景下，通过一种新的紧迫感来努力减少灾害风险和建设抗灾能力，②并酌情

---

① 资料来源：联合国大会第六十九届会议议程项目 19 （c）：《2015－2030 年仙台减少灾害风险框架》（A/RES/69/283），https：//undocs. org/zh/A/RES/69/283。

② 抗灾能力的定义是："一个暴露于灾患下的系统、社区或社会通过保护和恢复重要基本结构和功能等办法，及时有效地抗御、吸收、适应灾害影响和灾后复原的能力"，见 www. unisdr. org/we/inform/terminology。

将减少灾害风险和建设抗灾能力纳入各级政策、计划、方案和预算，并在相关框架中予以考虑。

《兵库行动框架》：经验教训、查明的差距和未来挑战

3. 如《兵库行动框架》在国家和区域的执行进展报告和其他全球报告所述，自从 2005 年《兵库行动框架》通过以来，各国和其他相关利益攸关方已在地方、国家、区域和全球各级减少灾害风险方面取得进展，使一些灾患①的死亡率有所下降。减少灾害风险是对防止未来损失具有高成本效益的投资。有效的灾害风险管理有助于实现可持续发展。各国都加强了本国灾害风险管理能力。旨在减少灾害风险的国际战略咨询、协调和伙伴关系发展机制，如全球减少灾害风险平台和区域减少灾害风险平台以及其他相关国际和区域合作论坛，有助于制定政策和战略，有助于提高知识水平，有助于促进相互学习。总之，《兵库行动框架》在提高公众和机构的认识，催生政治承诺，促使广大各级利益攸关方关注重点，激励他们采取行动等方面，发挥了重要的推动作用。

4. 但是在这十年期间，灾害不断造成严重损失，使个人、社区以及整个国家的安全和福祉都受到影响。灾害造成 70 多万人丧生、140 多万人受伤和大约 2300 万人无家可归。总之，有超过 15 亿人受到灾害的各种影响。妇女、儿童和处境脆弱的群体受到的影响尤为严重。经济损失总额超过 1.3 万亿美元。此外，2008～2012 年有 1.44 亿人灾后流离失所。灾害严重阻碍了实现可持续发展的进程，其中许多灾害都因气候变化而变得更为严重，其频率和强度越来越高。有证据显示，各国民众和资产受灾风险的增长速度高于脆弱性②下降的速度，从而产生了新的风险，灾害损失也不断增加，在短期、中期和长期内，特别是在地方和社区一级

---

① 《兵库行动框架》对灾患的定义是："具有潜在破坏力的、可能造成伤亡、财产损害、社会和经济混乱或环境退化的自然事件、现象或人类活动。灾患可包括可能将来构成威胁、可由自然（地质、水文气象和生物）或人类进程（环境退化和技术危害）等各种起因造成的潜在条件。"

② 《兵库行动框架》对脆弱性的定义是："由有形、社会、经济和环境因素或过程决定的使社区更易遭受灾患影响的条件。"

产生重大经济、社会、卫生、文化和环境影响。频发小灾和缓发灾害尤其给社区、家庭和中小型企业造成影响，在全部损失中占有很高的百分比。所有国家，特别是灾害死亡率和经济损失偏高的发展中国家，都面临着在履行财政义务和其他义务方面不断攀升的可能潜在成本和挑战。

5. 当务之急是要预测、规划和减少灾害风险，以便更有效地保护个人、社区和国家及其生计、健康、文化遗产、社会经济资产和生态系统，从而增强其抗灾能力。

6. 需要在各级进一步努力降低暴露程度和脆弱性，从而防止形成新的灾害风险，并追究产生灾害风险的责任。需要采取更执着的行动，重点解决产生灾害风险的潜在因素，如贫穷和不平等现象、气候变化和气候多变性、无序快速城市化和土地管理不善造成的后果以及造成问题复杂化的各种因素，如人口变化、制度安排薄弱、非风险指引型决策、缺乏对减少灾害风险私人投资的规章和奖励办法、复杂的供应链、获得技术的机会有限、自然资源的不可持续使用、不断恶化的生态系统、大流行病和时疫等。还有必要在国家、区域和全球各级减少灾害战略中继续加强善治，改善备灾和各国在应灾、恢复和重建方面的协调，并在强化国际合作模式的支持下，利用灾后复原和重建让灾区"重建得更好"。

7. 必须采取更加广泛和更加以人为本的预防方法应对灾害风险。为了切实有效，减少灾害风险实践必须具有多灾种和多部门性、包容性和易用性。各国政府应在制定与执行政策、计划和标准时与相关利益攸关方，包括与妇女、儿童和青年、残疾人、穷人、移民、土著人民、志愿者、业界团体和老年人互动协作，同时肯定政府的领导、管理和协调作用。公共和私营部门、民间社会组织以及学术界和科研机构需要更加密切合作，创造协作机会，企业也需要将灾害风险纳入其管理实践。

8. 对于支持各国、国家和地方当局以及社区和企业减少灾害风险的努力来说，国际、区域、次区域和跨边界合作仍举足轻重。现有机制可能需要予以强化，以提供有效的支持，得到更好的落实。发展中国家，尤其是最不发达国家、小岛屿发展中国家、内陆发展中国家和非洲国家以及面临特殊挑战的中等收入国家，需要得到特别关注和支持，以便通过双边和多边渠道增加国内资源和能量，确保根据国际承诺采取适当、可持续、及时的执行手段，开展能力建设、财政和技术援助以及技术转让。

9. 总之，《兵库行动框架》为努力减少灾害风险提供了重要指导，推动了在实现千年发展目标方面取得进展。不过，其执行情况突出显示，在克服潜在灾害风险因素、制定目标和优先行动事项、①务必提高各级抗灾能力和确保采取适当执行手段等方面，仍存在若干差距。这些差距表明，需要制定面向行动的框架，使各国政府和相关利益攸关方都能以支持和配合的方式予以落实，并帮助查明有待管理的灾害风险，为旨在提高抗灾能力的投资提供指导。

10. 《兵库行动框架》通过十年后的今天，灾害仍在破坏为实现可持续发展所做出的努力。

11. 关于 2015 年后发展议程、发展筹资、气候变化和减少灾害风险的政府间谈判，为国际社会在尊重各自任务情况下增强政策、机构、目标、指标和执行情况计量系统的一致性提供了独特的机会。确保在这些进程之间适当建立可信的联系有助于建设抗灾能力，有助于实现消除贫穷的全球目标。

12. 回顾 2012 年举行的联合国可持续发展大会题为"我们希望的未来"的成果文件，②其中呼吁在可持续发展和消除贫穷的背景下，以新的紧迫感处理减少灾害风险和建设抗灾能力问题，酌情将其纳入各级方案。持发大会还重申了《关于环境与发展的里约宣言》③的各项原则。

13. 强调气候变化是催生灾害风险的因素之一，同时尊重《联合国气候变化框架公约》规定的任务，④是一个可以在所有相互关联的政府间进

---

① 《兵库行动框架》2005～2015 年优先行动事项如下：（1）确保将减少灾害风险作为国家和地方优先事项，为执行工作奠定坚实基础；（2）确定、评估和监测灾害风险并加强预警；（3）利用知识、创新和教育在各级培养安全和抗灾文化；（4）减少潜在风险因素；（5）在各级加强备灾以做出有效响应。

② 第 66/288 号决议，附件。

③ 《联合国环境与发展会议的报告，1992 年 6 月 3 日至 14 日，里约热内卢》第一卷，《环发会议通过的决议》（联合国出版物，出售品编号：C.93.I.8 和更正），决议 1，附件一。

④ 联合国《条约汇编》第 1771 卷，第 30822 号。根据《联合国气候变化框架公约》缔约方的职权范围，本框架提及的气候变化问题仍属于《联合国气候变化框架公约》的任务范畴。

程内以有效连贯方式减少灾害风险的机会。

14. 在这一背景下，为了减少灾害风险，需要克服现有的挑战，准备应对今后的挑战，为此应着重开展以下工作：监测、评估和理解灾害风险，并分享这些信息以及风险是如何产生的；加强灾害风险治理和各相关机构和部门的协调，让相关利益攸关方充分切实参与适当层面的工作；投资于个人、社区和国家在经济、社会、卫生、文化和教育等方面的抗灾能力建设和环境，并为此提供技术和研究支持；加强多灾种预警系统、备灾、应灾、复原、恢复和重建。为了补充国家行动和能力，需要加强发达国家与发展中国家、国家与国际组织之间的国际合作。

15. 本框架适用于自然或人为灾患以及相关环境、技术和生物危害与风险造成的小规模和大规模、频发和偶发、突发和缓发灾害风险。本框架的目的是指导各级以及在各部门内部和跨部门对发展中的灾害风险进行多灾种管理。

二　预期成果和目标

16. 虽然在建设抗灾能力和减少损失及损害方面取得了一定的进展，但要大幅度减少灾害风险，仍须坚持不懈，更明确地以人及其健康和生计为重点，并定期采取后续行动。本框架以《兵库行动框架》为基础，力求在未来 15 年内取得以下成果：

大幅减少在生命、生计和卫生方面以及在人员、企业、社区和国家的经济、社会、文化和环境资产等方面的灾害风险和损失。

为取得上述成果，每个国家的各级政治领导层必须坚定地承诺并参与贯彻落实本框架，并创造必要的有利和有益环境。

17. 为实现预期成果，必须设法实现以下目标：

预防产生新的灾害风险和减少现有的灾害风险，为此要采取综合和包容各方的经济、法律、社会、卫生、文化、教育、环境、技术、政治和体制措施，防止和减少对灾患的暴露性和受灾脆弱性，加强应急和复原准备，从而提高抗灾能力。

要实现这一目标，必须加强发展中国家，特别是最不发达国家、小岛屿发展中国家、内陆发展中国家和非洲国家以及面临特殊挑战的中等收入国家的执行能力和能量，包括根据这些国家的优先目标，动员各方通过国际合作支持提供执行手段。

18. 为支持对实现本框架成果和目标的全球进展情况进行评估，商定了七个全球性具体目标。这些具体目标将在全球一级计量，并着手制订适当的指标加以补充。国家的具体目标和指标有助于实现本框架的成果与目标。这七个全球具体目标是：

（a）到 2030 年，大幅降低全球灾害死亡率，力求使 2020～2030 年全球平均每 10 万人死亡率低于 2005～2015 年水平；

（b）到 2030 年，大幅减少全球受灾人数，力求使 2020～2030 年全球平均每 10 万人受灾人数低于 2005～2015 年水平；①

（c）到 2030 年，使灾害直接经济损失与全球国内生产总值的比例下降；

（d）到 2030 年，通过提高抗灾能力等办法，大幅减少灾害对重要基础设施以及基础服务包括卫生和教育设施的破坏；

（e）到 2020 年，大幅增加已制定国家和地方减少灾害风险战略的国家数目；

（f）到 2030 年，通过提供适当和可持续支持，补充发展中国家为执行本框架所采取的国家行动，大幅提高对发展中国家的国际合作水平；

（g）到 2030 年，大幅增加人民获得和利用多灾种预警系统以及灾害风险信息和评估结果的概率。

三 指导原则

19. 借鉴《为了一个更安全的世界：横滨战略和行动计划》②和《兵

---

① 受灾人类别将在本次世界大会决定的仙台后工作进程中说明。
② A/CONF.172/9，第一章，决议 1，附件一。

库行动框架》所载原则，本框架执行工作将遵循下述原则，同时考虑到各国国情，并与国内法和国际义务及承诺保持一致：

（a）每个国家都负有通过国际、区域、次区域、跨界和双边合作预防和减少灾害风险的首要责任。减少灾害风险是各国共同关心的问题，可以通过开展可持续的国际合作进一步提高发展中国家能够根据各自国情和能力有效加强和执行国家减少灾害风险政策和措施的水平；

（b）减少灾害风险需要各国中央政府和相关国家当局、部门和利益攸关方根据各自国情和治理制度共同承担责任；

（c）灾害风险管理的目标是保护人员及其财产、健康、生计和生产性资产以及文化和环境资产，同时促进和保护所有人权，包括发展权；

（d）减少灾害风险需要全社会的参与和伙伴关系。减少灾害风险还需要增强权能以及包容、开放和非歧视的参与，同时特别关注受灾害影响尤为严重的人口，尤其是最贫穷者。应将性别、年龄、残疾情况和文化视角纳入所有政策和实践，还应增强妇女和青年的领导能力。为此应特别注意改善公民有组织的自愿工作；

（e）减少和管理灾害风险取决于各部门内部和所有部门之间以及与相关利益攸关方建立的各级协调机制，还需要所有国家行政和立法机构在国家和地方各级充分参与，明确划分公共和私人利益攸关方的责任，包括企业和学术界的责任，以确保相互拓展、伙伴合作、职责和问责相得益彰并采取后续行动；

（f）各国和联邦政府的推动、指导和协调作用仍然至关重要，但增强地方当局和地方社区减少灾害风险的权能，包括酌情提供资源，实行奖励和赋予决策责任也十分必要；

（g）减少灾害风险需要在开放交流和传播分类数据，包括按性别、年龄和残疾情况分列的数据基础上，并在经传统知识补充且方便获取的最新、综合、基于科学和非敏感性风险信息的基础上，采取多灾种办法，进行包容和风险指引型决策；

（h）要制定、加强和落实相关政策、计划、做法和机制，就必须力求适当统筹可持续发展与增长、粮食安全、卫生和人身安全、气候变化和气候多变性、环境管理和减少灾害风险等方面的议程。减少灾害风险对于实现可持续发展有着至关重要的意义；

（i）虽然催生灾害风险的因素可能波及地方、国家、区域和全球，但灾害风险具有地方性和特殊性，必须了解这些特点才能确定减少灾害风险的措施；

（j）通过灾害风险指引型公共和私营投资克服潜在灾害风险因素，比主要依赖灾后响应和复原具有更高的成本效益，也有助于可持续发展；

（k）在灾后复原、恢复和重建阶段，必须通过让灾区"重建得更好"以及加强灾害风险方面的公众教育和认识，防止生成并减少灾害风险；

（l）建立切实有效的全球伙伴关系，进一步加强国际合作，包括发达国家履行各自的官方发展援助承诺，对于有效的灾害风险管理至关重要；

（m）发展中国家，特别是最不发达国家、小岛屿发展中国家、内陆发展中国家和非洲国家以及面临特殊灾害风险挑战的中等收入国家和其他国家需要得到充足、可持续和及时的支持，包括按照这些国家提出的需要和优先目标，由发达国家和伙伴们提供资金、技术转让和能力建设。

四　优先行动领域

20. 考虑到在执行《兵库行动框架》方面取得的经验，为实现预期成果和目标，需要各国在地方、国家、区域和全球各级各部门内部和彼此之间采取重点行动，其四个优先领域如下：

优先领域1：理解灾害风险。

优先领域2：加强灾害风险治理，管理灾害风险。

优先领域3：投资于减少灾害风险能力建设，提高抗灾能力。

优先领域4：加强备灾以做出有效响应，并在复原、恢复和重建中让灾区"重建得更好"。

21. 国家、区域和国际组织及其他相关利益攸关方在着手减少灾害风险时，应顾及上述四个优先领域下分别开列的主要活动，并应根据国家法律法规，同时考虑到自身能力和能量，酌情加以落实。

22. 在全球相互依存关系日益密切的背景下，需要开展协调一致的国际合作，营造有利的国际环境，制定有效的执行办法，以便在各级激励和促进各方增强减少灾害风险的知识、能力与积极性，对发展中国家尤为如此。

优先领域 1：理解灾害风险

23. 灾害风险管理政策与实践应当建立在对灾害风险所有层面的全面理解基础上，包括脆弱性、能力、人员与资产的暴露程度、灾患特点与环境。可以利用这些知识推动开展灾前风险评估、防灾减灾以及制定和执行适当的备灾和高效应灾措施。

国家和地方各级

24. 为了实现这一目标，必须采取以下行动：

（a）推动有关数据和实用信息的收集、分析、管理及使用。确保传播这些信息，同时适当考虑到不同类别用户的需求；

（b）鼓励使用和加强基线，并根据国情定期评估灾害风险、脆弱性、能力、暴露程度、灾患特点及其对生态系统可能产生的具有相关社会和空间规模的连带效应；

（c）酌情使用地理空间信息技术，以适当形式编制和定期更新地方灾害风险信息，包括风险地图，并向决策者、大众和灾患社区传播这种信息；

（d）系统评价、记录、分享和公开说明灾害损失，并结合具体事件的灾患暴露程度和脆弱性信息，适当理解经济、社会、卫生、教育、环境和文化遗产方面的影响；

（e）酌情提供按照对灾患的暴露程度、脆弱性、风险、灾害和损失情况分类的非敏感性资料，便于各方查阅取用；

（f）推动实时获取可靠数据，利用包括地理信息系统在内的空间和实地信息，并使用信息和通信技术创新，改进计量工具以及数据的收集、分析和传播；

（g）通过分享减少灾害风险方面的经验教训、良好做法、培训与教育，包括利用现有的培训、教育机制和同行学习办法，增强各级政府官员、民间社会、社区、志愿者和私营部门的知识；

（h）促进和加强科技界、其他相关利益攸关方和决策者之间的对话与合作，以便在灾害风险管理方面推动科学与政策衔接，促进有效决策；

（i）确保在开展灾害风险评估时适当利用传统、本土和地方知识及实践经验补充科学知识，确保制定和执行具体部门的政策、战略、计划和方案，并采取跨部门办法，按照地方特点和具体情况加以调整；

（j）加强技术和科学能力，利用和整合现有知识，并制定和应用各种方法和模型，评估灾害风险、脆弱性和对所有灾患的暴露程度；

（k）促进投资于创新和技术发展，对灾害风险管理进行长期、多灾种和以解决问题为驱动力的研究，以便减少差距，克服障碍，解决相互依存问题，应对社会、经济、教育和环境挑战及灾害风险；

（l）推动将包括防灾、减灾、备灾、应灾、复原和恢复等在内的灾害风险知识纳入正规和非正规教育以及各级公民教育、职业教育和培训；

（m）通过宣传运动、社会媒体和社区动员，同时考虑到特定受众及其需要，促进国家战略建设，以加强减少灾害风险方面的公共教育和认识，包括宣传灾害风险信息和知识；

（n）利用个人、社区、国家和资产脆弱性、能力和暴露程度以及灾患特点等一切层面的风险信息，制定和实施减少灾害风险政策；

（o）通过社区组织和非政府组织的参与，加强地方居民之间的合作，以传播灾害风险信息。

全球和区域各级

25. 为实现这一目标，必须采取以下行动：

（a）推动开发和传播以科学为基础的方法和工具，记录和分享灾害损失和相关分类数据和统计资料，并加强灾害风险建模、评估、制图、监测和多灾种预警系统；

（b）促进对多灾种灾害风险进行全面调查以及开展区域灾害风险评

估和制图工作，包括推测气候变化情况；

（c）通过国际合作包括技术转让，促进和加强获得、分享和使用适当非敏感性数据和信息、通信、地理空间和天基技术及相关服务的机会；继续开展和加强实地和遥感地球和气候观测；并加大利用各类媒体的力度，如社交媒体、传统媒体、大数据和移动电话网络，以支持各国依照本国法律酌情采取措施，顺利交流灾害风险；

（d）推动与科技界、学术界和私营部门开展伙伴合作，共同努力在国际上建立、传播和分享良好做法；

（e）支持建立地方、国家、区域和全球用户友好型系统和服务，交流良好做法、成本效益高且易于使用的减少灾害风险技术以及减少灾害风险政策、计划和措施的经验教训等信息；

（f）借鉴现有举措（如"百万安全学校和医院"倡议、"建设具有抗灾能力的城市：我们的城市正在做好准备！"运动、"联合国笹川减灾奖"和一年一度的国际减灾日），开展有效的全球和区域运动，以此作为提高公众认识和教育的手段，促进防灾、抗灾以及负责任公民意识的文化，培养对灾害风险的了解，支持相互学习并分享经验；并鼓励公共和私营利益攸关方积极参与这些举措，并在地方、国家，区域和全球各级提出新的举措；

（g）在联合国减少灾害风险办公室科学和技术咨询组的支持下，通过各级和所有区域的现有网络和科研机构的协调，加强和进一步动员开展减少灾害风险方面的科技工作，以便加强循证基础，支持落实本框架；促进对灾害风险模式和因果关系的科学研究；充分利用地理空间信息技术传播风险信息；在风险评估、灾害风险建模和数据使用方法和标准方面提供指导；查明研究和技术差距，为减少灾害风险的各个优先研究领域提出建议；推动和支持为决策提供和应用科学技术；协助更新题为2009年《减少灾害风险术语》的出版物；以灾后审查为契机加强学习和了解公共政策；传播研究成果；

（h）鼓励酌情通过谈判特许等办法，提供版权和专利材料；

（i）加强对创新和技术的利用和支持，以及灾害风险管理方面的长期、多灾种和以解决问题为驱动力的研究和开发。

优先领域 2：加强灾害风险治理，管理灾害风险

26. 国家、区域和全球各级灾害风险治理对于切实有效地进行灾害风险管理非常重要。需要在部门内部和各部门之间制定明确的构想、计划、职权范围、指南和协调办法，还需要相关利益攸关方的参与。因此有必要加强灾害风险治理，促进防灾、减灾、备灾、应灾、复原和恢复，并促进各机制和机构之间的协作和伙伴关系，以推动执行与减少灾害风险和可持续发展有关的文书。

国家和地方各级

27. 为了实现这一目标，必须采取以下行动：

（a）将减少灾害风险作为部门内部和部门之间的主流工作并加以整合，审查和促进国家和地方法律法规和公共政策框架的一致性，并酌情进一步制定法律法规和政策框架，通过界定角色和责任，指导公共和私营部门开展以下工作：（i）在公共拥有、管理或规范的服务和设施内减少灾害风险；（ii）推动个人、家庭、社区和企业采取行动并酌情予以奖励；（iii）改进旨在提高灾害风险透明度的相关机制和举措，其中可以包括经济奖励、提高公众认识和培训举措、报告要求以及法律和行政措施；（iv）设立协调和组织机构；

（b）对各个时标采用和实施国家和地方减少灾害风险战略和计划，规定具体目标、指标和时限，力求防止出现风险，减少现有的风险并加强经济、社会、卫生和环境领域的抗灾能力；

（c）对灾害风险管理的技术、财务和行政能力进行评估，以应对地方和国家一级已查明的风险；

（d）鼓励建立必要机制和激励措施，确保与行业法律规章中的现行加强安全规定，包括土地使用和城市规划、建筑规范、环境和资源管理以及卫生和安全标准等方面的规定高度合规，必要时加以更新，以确保充分重视灾害风险管理；

（e）适当发展和加强贯彻、定期评估和向公众报告国家和地方计划进展情况的机制；促进公众对地方和国家减少灾害风险进展报告进行监

督，鼓励就此开展机构辩论，包括议员和其他有关官员的辩论；

（f）通过有关法律框架，在灾害风险管理机构、进程和决策中酌情为社区代表分配明确的角色和任务，并在制定此类法律和规章期间，进行全面的公共协商和社区协商，以支持其执行工作；

（g）建立和加强由国家和地方各级利益攸关方组成的政府协调论坛，如国家和地方减少灾害风险平台以及为执行《2015－2030 年仙台减少灾害风险框架》而指定的国家协调中心。这些机制必须以国家体制框架为坚实基础，明确分派责任和权力，以便除其他外，通过分享和传播非敏感灾害风险信息和数据，查明部门和多部门灾害风险，提高对灾害风险的认识和了解，协助和协调编制地方和国家灾害风险报告，协调开展关于减少灾害风险的公共宣传活动，促进和支持地方多部门合作（如地方政府之间的合作），协助确定和报告国家和地方灾害风险管理计划，以及所有灾害风险管理相关政策。这些责任应该通过法律、法规、标准和程序建立；

（h）通过监管和财政手段酌情增强地方政府的权能，以便与民间社会、社区、土著人民和移民合作与协调，开展地方一级的灾害风险管理；

（i）鼓励议员通过制定新的或修订相关立法和编列预算拨款，支持落实减少灾害风险；

（j）促进在私营部门、民间社会、专业协会、科学组织和联合国的参与下制定质量标准，如灾害风险管理认证和证书；

（k）在不违反国家法律和法律制度的前提下酌情制定公共政策，力求解决灾害风险区内的人类住区可能面临的预防或异地安置问题。

全球和区域各级

28. 为实现这一目标，必须采取以下行动：

（a）根据本框架，酌情通过商定的区域和次区域减少灾害风险合作战略和机制，指导区域一级的行动，以推动提高规划效率，建立共同信息系统，并交流合作和能力发展方面的良好做法和方案，特别是处理共同跨界灾害风险；

（b）促进全球和区域机制和机构相互协作，酌情采用和统一与减少灾害风险有关的文书和工具，如气候变化、生物多样性、可持续发展、消除贫穷、环境、农业、卫生、粮食和营养等方面的文书和工具；

（c）积极参与全球减少灾害风险平台、各区域和次区域减少灾害风险平台和专题平台，以便酌情结成伙伴关系，定期评估执行进展，交流与灾害风险指引型政策、方案和投资有关的做法和知识，包括与发展和气候问题有关的做法和知识，并推动将灾害风险管理纳入其他相关部门。区域政府间组织应在区域减少灾害风险平台发挥重要作用；

（d）促进跨境合作，落实流域内和海岸线等共享资源生态系统管理办法的执行政策和规划，以增强抗灾能力和减少灾害风险，包括流行病和流离失所风险；

（e）促进有关国家通过自愿和自发建立同行审查机制等办法开展相互学习，并交流良好经验和信息；

（f）借鉴《兵库行动框架》监测系统的经验，推动适当加强国际自愿机制，用于监测和评估灾害风险，包括相关数据和信息。这些机制有助于为实现可持续的社会和经济发展，向相关国家政府机构和利益攸关方披露有关灾害风险的非敏感信息。

优先领域3：投资于减少灾害风险能力建设，提高抗灾能力

29. 公共和私营部门通过结构性和非结构性措施对预防和减少灾害风险进行投资，对于加强个人、社区、国家及其资产在经济、社会、卫生和文化方面的抗灾能力和改善环境必不可少。它们都可成为促进创新、增长和创造就业的驱动因素。这些措施具有成本效益，有助于挽救生命、防止和减少损失，并确保有效的复原和恢复。

国家和地方各级

30. 为实现这一目标，必须采取以下行动：

（a）分配必要资源，包括各级行政部门酌情提供资金和后勤保障，用于在所有相关部门制定和执行有关减少灾害风险的战略、政策、计划和法律法规；

（b）促进适当建立公共和私人投资的灾害风险转移和保险、分担风险、保留和财政保护机制，以减轻灾害对政府和社会、城市和农村地区的财政影响；

（c）酌情加强抗灾能力方面的公共和私人投资，为此特别要在重要设施，尤其是在学校和医院以及有形基础设施，采取结构性、非结构性和实用的预防和减少灾害风险措施；为抵御灾患，从一开始就通过适当设计和施工，包括采用通用设计原则和建筑材料标准化改进建筑质量；改造和重建；培养维护保养文化；并考虑到对经济、社会、结构、技术和环境影响的评估结果；

（d）保护文化和收藏机构及其他历史遗址、文化遗产和宗教场所，或支持其保护工作；

（e）通过采取结构性和非结构性措施，提高工作场所抵御灾害风险的能力；

（f）推动将灾害风险评估纳入土地使用政策的制定和执行工作，包括城市规划、土地退化评估、非正规和非永久性住房，以及利用以人口和环境预期变化为依据的指南和跟踪工具；

（g）通过查明可安全建造人类住区的地区，同时维护有助于减轻风险的生态系统职能等办法，推动将灾害风险评估、制图和管理纳入山区、河流、海岸泛洪平原区、干地、湿地和所有其他易遭受旱涝灾害等地区的农村发展规划和管理；

（h）鼓励在国家或地方各级酌情修订现有的或制定新的建筑规范和标准以及恢复与重建做法，使之更加符合当地环境，特别是在非正规和边缘人类住区，并采取适当办法提高执行、考察和实施这些规范的能力，以改进抗灾结构；

（i）加强国家卫生系统的抗灾能力，包括将灾害风险管理纳入初级、二级和三级保健系统，特别是在地方一级；增进卫生工作者理解灾害风险以及在卫生工作中运用和实施减少灾害风险方法的能力；促进和加强灾害医学领域的培训能力；与其他部门协作，在卫生规划和执行世界卫生组织《国际卫生条例》（2005）方面，支持和培训社区卫生团体采取减少灾害风险办法；

（j）通过社区参与等办法，结合生计改善计划，加强对包容性政策和社会安全网络机制的设计和实施，并提供基本医疗服务，包括孕产妇、新生儿和儿童健康、性健康和生殖健康、食品安全和营养、住房和教育，以消除贫穷，设法持久解决灾后阶段的问题，增强受灾程度尤为严重者的权能并向他们提供援助；

（k）危重病人和慢性病患者有特殊需要，应让他们参与灾前、灾中和灾后风险管理政策和规划的制订工作，包括为其提供各种救生服务；

（l）鼓励根据国家法律和实际情况，制定应对灾后人员流动问题的政策和方案，以加强受影响人口和收容社区的抗灾能力；

（m）酌情推动将减少灾害风险考虑因素和措施纳入金融和财政文书；

（n）加强生态系统的可持续利用和管理，实施包含减少灾害风险内容的环境和自然资源综合管理办法；

（o）增强企业的抗灾能力以及对整个供应链生计和生产性资产的保护，确保服务连续性，并将灾害风险管理纳入商业模式和实践；

（p）加强对生计和生产性资产的保护，包括牲畜、役畜、工具和种子；

（q）考虑到往往对旅游业这个主要经济驱动部门的严重依赖，因此要推动在整个旅游业采用灾害风险管理办法，并对这些办法加以整合。

全球和区域各级

31. 为实现这一目标，必须采取以下行动：

（a）推动与可持续发展和减少灾害风险相关的各系统、部门和组织在其政策、计划、方案和进程中相互协调一致；

（b）与国际社会、企业、国际金融机构和其他利益攸关方的伙伴密切合作，推动制定和加强灾难风险转移和分担机制与文书；

（c）推动学术、科研实体和网络与私营部门之间的合作，开发有助于减少灾害风险的新产品和新服务，尤其是那些能够帮助发展中国家和应对其特殊挑战的产品和服务；

（d）鼓励全球和区域金融机构彼此合作，以评估和预测灾害的潜在经济和社会影响；

（e）加强卫生管理部门和其他相关利益攸关方之间的合作，以便在卫生、执行《国际卫生条例》（2005）和构建有抗灾能力的卫生系统等方面，加强国家灾害风险管理能力；

（f）加强和推动在保护牲畜、役畜、工具和种子等生产性资产方面的协作和能力建设；

（g）推动和支持构建社会安全网络，以此作为与改善生计方案挂钩和结合的减少灾害风险措施，以确保在家庭和社区各级建立具有抵御冲击的抗灾能力；

（h）加强和扩大旨在通过减少灾害风险消除饥饿和贫穷的国际努力；

（i）推动和支持相关公共和私营利益攸关方相互合作，以增强企业的抗灾能力。

优先领域 4：加强备灾以做出有效响应，并在复原、恢复和重建中让灾区"重建得更好"

32. 灾害风险不断增加，包括人口和资产的暴露程度越来越高，这种情况结合以往灾害的经验教训表明，必须进一步加强备灾响应，事先采取行动，将减少灾害风险纳入应急准备，确保有能力在各级开展有效的应对和恢复工作。关键是要增强妇女和残疾人的权能，公开引导和推广性别平等和普遍可用的响应、复原、恢复和重建办法。灾害表明，复原、恢复和重建阶段是实现灾区"重建得更好"的重要契机，需要在灾前着手筹备，包括将减少灾害风险纳入各项发展措施，使国家和社区具备抗灾能力。

国家和地方各级

33. 为实现这一目标，必须采取以下行动：

（a）在相关机构的参与下，制定或审查和定期更新备灾和应急政策、计划和方案，同时考虑到气候变化推测及其对灾害风险的影响，酌情协助所有部门和相关利益攸关方参与这项工作；

（b）投资于建立、维护和加强以人为本的多灾种、多部门预报和预警系统、灾害风险和应急通信机制、社会技术以及监测灾患的电信系统。通过一个参与性进程建立此类系统。根据用户需求包括社会和文化需要，特别是性别平等要求做出调整。推广应用简单和成本低廉的预警设备和设施，并拓展自然灾害预警信息的发布渠道；

（c）提高新的和现有的关键基础设施的抗灾能力，包括供水、交通和电信基础设施、教育设施、医院和其他卫生设施，确保这些设施在灾中和灾后仍具有安全性、有效性和可用性，以提供救生和基本服务；

（d）建立社区中心，以提高公众认识并储备用于开展救援和救济活动的必要物资；

（e）实施公共政策和行动，支持公务人员发挥作用，建立或加强救济援助的协调和供资机制与程序，并规划和筹备灾后复原和重建工作；

（f）对现有职工队伍和志愿者进行灾害响应培训，并加强技术和后勤能力，确保更好地应对紧急情况；

（g）确保行动和规划的连续性，包括灾后阶段的社会和经济复原和提供基本服务；

（h）促进定期开展备灾、应灾和复原演习，包括疏散演练、培训和建立地区支助系统，以期确保迅速和有效地应对灾害和相关流离失所问题，包括提供适合当地需要的安全住所、基本食品和非食品救济物品；

（i）考虑到灾后重建的复杂性和高昂成本，因此要促进各级不同机构、多个部门和相关利益攸关方，包括受灾社区和企业，在国家当局的协调下开展合作；

（j）推动将灾害风险管理纳入灾后复原和恢复进程，促使救济、恢复和发展彼此挂钩，利用复原阶段的机会发展短期、中期和长期减少灾害风险的能力，包括制订各项措施，如土地利用规划、改进结构标准以及分享专家经验、知识、灾后评估结果和经验教训，将灾后重建纳入灾区的经济和社会可持续发展。对灾后流离失所者的临时安置也应如此；

（k）制定灾后重建准备工作指导方针，如关于土地使用规划和改进结构标准的方针，包括学习《兵库行动框架》通过十年来的各项复原和重建方案，并交流经验、知识和教训；

（l）在灾后重建进程中酌情与有关民众协商，尽可能将公共设施和基础设施迁往风险范围以外的区域；

（m）加强地方当局疏散易受灾地区居民的能力；

（n）建立个案登记机制和灾害死亡数据库，以改进发病和死亡预防工作；

（o）改进复原方案，向所有需要者提供心理社会支持和精神健康服务；

（p）根据国际救灾及灾后初期复原援助的国内协助及管理准则，酌情审查和加强关于国际合作的国家法律和程序。

全球和区域各级

34.为实现这一目标，必须采取以下行动：

（a）酌情建立和加强协调一致的区域方法和行动机制，筹备和确保在超过国家应对能力的情况下做出迅速而有效的灾害响应；

（b）推动进一步制定和传播各项文书，如标准、规范、业务指南和其他指导文书，支持协调一致的备灾和应灾行动，并协助分享有关政策实践和灾后重建方案的经验教训和最佳做法的信息；

（c）根据《全球气候服务框架》，适当促进进一步制定和投资于高效、符合国情的区域多灾种预警机制，并协助各国分享和交流信息；

（d）加强《国际灾后复原平台》等国际机制，分享各国和所有相关利益攸关方的经验教训；

（e）酌情支持联合国相关实体加强和落实水文气象问题全球机制，以便提高人们对与水有关的灾害风险及其对社会的影响的认识和了解，并应各国的请求推进减少灾害风险战略；

（f）支持区域备灾合作，包括共同举办演习和演练；

（g）促进制定区域规程，协助灾中和灾后共享救灾能力和资源；

（h）对现有人员队伍和志愿者进行应灾培训。

五 利益攸关方角色

35.虽然国家负有减少灾害风险的总体责任，但减少灾害风险也是政府和各利益攸关方的共同责任。尤其是非国家利益攸关方作为推动力量，可根据国家政策和法律法规发挥重要作用，向各国提供支持，在地区、国家、区域和全球各级执行本框架。它们需要做出承诺，展示善意，提供知识、经验和资源。

36. 各国在确定利益攸关方的特殊角色和责任时，同时应借鉴现有的相关国际文书，鼓励所有公共或私营利益攸关方采取以下行动：

（a）民间社会、志愿者、志愿工作组织和社区组织要与公共机构合作参与，除此之外，在制定和执行减少灾害风险的规范框架、标准和计划方面提供具体知识和务实指导；参与实施地方、国家、区域和全球计划及战略；推动和支持公共意识、预防文化和灾害风险教育；倡导建立具有抗灾能力的社区和进行包容性及全社会灾害风险管理，以适当加强各群体之间的协同增效。对此应该指出：

（一）妇女及其参与对于有效管理灾害风险以及敏感对待性别问题对减少灾害风险政策、计划和方案的制订、资源配置和执行工作至关重要；需要建立适当的措施，增强妇女的备灾力量，并增强她们灾后替代生计手段的能力；

（二）儿童和青年是变革的媒介，应按照立法、国家实践和教学大纲给他们提供协助减少灾害风险的空间和办法；

（三）残疾人及其组织对于评估灾害风险和根据特定要求制订和执行计划至关重要，同时要考虑到通用设计等原则；

（四）老年人拥有多年积累的知识、技能和智慧，是减少灾害风险的宝贵财富，应让他们参与制定包括预警在内的各项政策、计划和机制；

（五）原住居民通过其经验和传统知识，为制定和执行包括预警在内的各项政策、计划和机制做出重要贡献；

（六）移民为社区和社会的抗灾能力做出贡献，他们的知识、技能和能力对制定和实施减少灾害风险办法颇有助益；

（b）学术、科研实体和网络要注重研究中长期灾害风险因素和情况推测，包括新出现的灾害风险；加强对区域、国家和地方应用办法的研究；支持地方社区和地方当局采取行动；支持科学与政策相互衔接，促进决策进程；

（c）企业、专业协会和私营部门的金融机构，包括金融监管部门和会计机构及慈善基金会要通过灾害风险指引型投资，特别是对微型和中小型企业的此类投资，将灾害风险管理包括企业连续性纳入商业模式与实践；对员工和顾客开展提高认识和培训活动；参与和支持灾害风险管理相关研究、创新和技术开发；分享和传播知识、实践经验和非敏感数据；并在公共部门指导下酌情积极参与纳入灾害风险管理内容的规范框架和技术标准的制定工作；

（d）媒体要在地方、国家、区域和全球各级发挥积极和包容作用，推动提高公众的认识和理解，与国家当局密切合作，以简单、透明、易于理解和方便获取的方式传播准确和非敏感性灾害风险、灾患和灾害信息，包括小规模灾害信息；采取具体减少灾害风险宣传政策；酌情支持预警系统和救生保护措施；根据国家实践促进预防文化，推动社区大力参与社会各级持续开展的公共教育运动和大众协商。

37. 根据大会 2013 年 12 月 20 日第 68/211 号决议，相关利益攸关方的承诺对于确定合作方式和执行本框架十分重要。这些承诺应十分具体并规定时限，以支持建立地方、国家、区域和全球各级伙伴关系，支持实施地方和国家减少灾害风险战略和计划。鼓励所有利益攸关方通过联合国减少灾害风险办公室网站，宣传它们支持本框架或国家和地方灾害风险管理计划执行工作的承诺及其履行情况。

六 国际合作与全球伙伴关系

一般考虑因素

38. 鉴于发展中国家自身能力不同，对它们的支持水平与其能够执行本框架的程度又相互关联，因此，发展中国家需要通过国际合作和全球发展伙伴关系以及持续的国际支持来获得更好的实施手段，包括及时获得充足和可持续的资源，以加强自身减少灾害风险的努力。

39. 减少灾害风险方面的国际合作包括多种不同来源，是支持发展中国家努力减少灾害风险的关键要素。

40. 为克服国家之间的经济差异及其在技术创新和研究能力方面的差距，加强技术转让至关重要，其中涉及在执行本框架过程中促进和协助技能、知识、理念、专门技能和技术从发达国家流入发展中国家的进程。

41. 易受灾发展中国家，特别是最不发达国家、小岛屿发展中国家、内陆发展中国家和非洲国家以及面临特殊挑战的中等收入国家应得到特别关注，因为这些国家的脆弱性和风险水平较高，往往大大超过其应对灾害和灾后复原的能力。由于这种脆弱性，需要紧急加强国际合作，确保在区域和国际各级建立真正和持久的伙伴关系，以支持发展中国家根据本国优先目标和需要执行本框架。其他具有特殊性的易受灾国家，如岛国和海岸线绵长的国家也应得到类似的关注和适当援助。

42. 小岛屿发展中国家因其特有和特殊的脆弱性，受灾情况可能尤为严重。灾害的影响有碍它们在实现可持续发展方面取得进展，而一些灾害的强度越来越大并因气候变化而更加严重。鉴于小岛屿发展中国家的特殊情况，迫切需要在减少灾害风险领域落实《小岛屿发展中国家快速行动方式》(《萨摩亚途径》)，① 以此建设抗灾能力并提供特别支持。

43. 非洲国家仍面临与灾害和日益增加的风险有关的挑战，包括提高基础设施抗灾能力、卫生和生计等方面的挑战。为应对这些挑战，需要加强国际合作，并向非洲国家提供适当支持，使本框架能够得到落实。

44. 南北合作辅之以南南合作和三角合作已证明是减少灾害风险的关键，需要进一步加强这两个领域的合作。伙伴关系具有重要的补充作用，可充分挖掘各国潜力，支持它们在灾害风险管理方面以及在改进个人、社区和国家的社会、卫生和经济福祉方面建设国家能力。

45. 南南合作和三角合作是南北合作的补充，发展中国家倡导南南合作和三角合作的努力不应削弱发达国家提供的南北合作。

46. 国际各方的资助，公私双方以共同商定的减让和优惠条件转让可靠、负担得起的、适当和现代无害环境技术，对发展中国家的能力建设援助以及有利的各级体制和政策环境，所有这些都是减少灾害风险极为重要的手段。

---

① 第69/15号决议，附件。

实施办法

47. 为实现这些目标，必须采取以下行动：

（a）重申发展中国家需要各方通过双边或多边渠道，包括通过加强技术和资金支持以及以共同商定的减让和优惠条件转让技术，为减少灾害风险进一步提供协调、持续和适当的国际支持，尤其是向最不发达国家、小岛屿发展中国家、内陆发展中国家和非洲国家以及面临特殊挑战的中等收入国家提供支持，协助它们发展和增强本国能力；

（b）通过现有机制，即双边、区域和多边合作安排，包括联合国和其他有关机构，增强各国尤其是发展中国家获得资金、无害环境技术、科学和包容性创新以及知识和信息共享的机会；

（c）促进使用和扩大全球技术库和全球系统等专题合作平台，实现专门技能、创新和研究成果共享，并确保获得减少灾害风险方面的技术和信息；

（d）将减少灾害风险措施酌情纳入各部门内部和部门之间与减贫、可持续发展、自然资源管理、环境、城市发展和适应气候变化有关的多边和双边发展援助方案。

国际组织的支持

48. 为支持执行本框架，必须采取以下行动：

（a）酌情请联合国和参与减少灾害风险工作的其他国际和区域组织、国际和区域金融机构及捐助机构加强对这方面各项战略的协调；

（b）联合国系统各实体，包括各基金和方案以及专门机构要通过《联合国减少灾害风险提高抗灾能力行动计划》、《联合国发展援助框架》和国家方案，要推动资源的最佳使用，并应发展中国家的请求支持它们与《国际卫生条例》（2005）等其他相关框架协调执行本框架，包括建立和加强能力，并通过明确和重点突出的方案，在各自授权任务范围内，以均衡、妥善协调和可持续方式支持实现国家优先目标；

（c）特别是联合国减少灾害风险办公室要支持执行、贯彻和审查本框架，为此采取以下步骤：与联合国后续进程一起，准备以适当和及时的方式定期审查进展情况，尤其是全球减少灾害风险平台的进展情况，酌情与其他相关可持续发展和气候变化机制协调，支持制定统一的全球和区域后续行动和指标，并相应更新现有的《兵库行动框架》网络监测系统；积极参与可持续发展目标各项指标机构间专家组的工作；与各国密切合作并通过动员专家，为执行工作编制循证实用指南；通过支持专家和技术组织制定标准、开展宣传举措和传播灾害风险信息等政策和实践，以及由附属组织开展减少灾害风险教育和培训，巩固相关利益攸关方之间的预防文化；通过国家平台或相应机构等渠道，支持各国制定国家计划，并监测灾害风险、损失和影响方面的趋势和规律；举办全球减少灾害风险平台活动，支持与区域组织合作，举办区域减少灾害风险平台活动；牵头开展《联合国减少灾害风险提高抗灾能力行动计划》的修订工作；协助加强联合国减少灾害风险办公室科学和技术咨询组，动员开展关于减少灾害风险的科学和技术工作，并继续为该小组提供服务；与各国密切协调，按照各国商定的术语，牵头更新题为 2009 年《减灾战略减少灾害风险术语》的出版物；维持利益攸关方承诺登记册；

（d）世界银行和区域开发银行等国际金融机构要审议本框架的优先事项，为发展中国家统筹减少灾害风险提供财政支持和贷款；

（e）其他国际组织和条约机构，包括联合国气候变化框架公约缔约方会议、全球和区域两级国际金融机构以及国际红十字与红新月运动要根据发展中国家的请求，支持它们与其他相关框架协调执行本框架；

（f）《联合国全球契约》作为联合国与私营部门和企业互动协作的主要倡议，要进一步开展减少灾害风险工作，促进可持续发展和提高抗灾能力，并宣传这项工作的至关重要性；

（g）要加强联合国系统协助发展中国家减少灾害风险的整体能力，通过各种融资机制提供适当资源，包括向联合国减灾信托基金提供更多、及时、稳定和可预测的资金，并提高该信托基金在执行本框架方面的作用；

（h）各国议会联盟和其他相关区域议员机构和机制要酌情继续支持

和倡导减少灾害风险和加强国家法律框架；

（i）世界城市和地方政府联合组织和其他相关地方政府机构要继续支持地方政府为减少灾害风险和执行本框架彼此合作和相互学习。

后续行动

49. 本次世界大会邀请联合国大会第七十届会议考虑可否将《2015－2030 年仙台减少灾害风险框架》全球执行进展情况的审查工作列为联合国各次大型会议和首脑会议统筹协调后续进程的一部分，酌情与经济及社会理事会、可持续发展高级别政治论坛和四年度全面政策审查周期协调一致，同时考虑到全球减少灾害风险平台和各区域减少灾害风险平台以及兵库行动框架监测系统所做的贡献。

50. 本次世界大会建议联合国大会在第六十九届会议设立一个由会员国提名专家组成的不限成员名额的政府间工作组，由联合国减少灾害风险办公室提供支助，并在各利益攸关方的参与下，结合可持续发展目标各项指标机构间专家组的工作，为计量本框架全球执行进展制定一套可用指标。本次大会还建议该政府间工作组至迟于 2016 年 12 月审议联合国减少灾害风险办公室科学和技术咨询组提出的关于更新题为 2009 年《减灾战略减少灾害风险术语》的出版物的建议，将其工作成果提交大会审议和通过。

《变革我们的世界：
2030 年可持续发展议程》①

（2015 年 9 月 25 日在联合国
可持续发展峰会上通过）

序言

本议程是为人类、地球与繁荣制订的行动计划。它还旨在加强世界和平与自由。我们认识到，消除一切形式和表现的贫困，包括消除极端贫困，是世界最大的挑战，也是实现可持续发展必不可少的要求。

所有国家和所有利益攸关方将携手合作，共同执行这一计划。我们决心让人类摆脱贫困和匮乏，让地球治愈创伤并得到保护。我们决心大胆采取迫切需要的变革步骤，让世界走上可持续且具有恢复力的道路。在踏上这一共同征途时，我们保证，绝不让任何一个人掉队。

我们今天宣布的 17 个可持续发展目标和 169 个具体目标展现了这个新全球议程的规模和雄心。这些目标寻求巩固发展千年发展目标，完成千年发展目标尚未完成的事业。它们要让所有人享有人权，实现性别平等，增强所有妇女和女童的权能。它们是整体的，不可分割的，并兼顾了可持续发展的三个方面：经济、社会和环境。

这些目标和具体目标将促使人们在今后 15 年内，在那些对人类和地球至关重要的领域中采取行动。

---

① 中华人民共和国外交部网站：《变革我们的世界：2030 年可持续发展议程》，http：//infogate. fmprc. gov. cn/web/ziliao＿ 674904/zt＿ 674979/dnzt＿ 674981/qtzt/2030kcxfzyc＿686343/t1331382. shtml。

人类

我们决心消除一切形式和表现的贫困与饥饿，让所有人平等和有尊严地在一个健康的环境中充分发挥自己的潜能。

地球

我们决心阻止地球的退化，包括以可持续的方式进行消费和生产，管理地球的自然资源，在气候变化问题上立即采取行动，使地球能够满足今世后代的需求。

繁荣

我们决心让所有的人都过上繁荣和充实的生活，在与自然和谐相处的同时实现经济、社会和技术进步。

和平

我们决心推动创建没有恐惧与暴力的和平、公正和包容的社会。没有和平，就没有可持续发展；没有可持续发展，就没有和平。

伙伴关系

我们决心动用必要的手段来执行这一议程，本着加强全球团结的精神，在所有国家、所有利益攸关方和全体人民参与的情况下，恢复全球可持续发展伙伴关系的活力，尤其注重满足最贫困最脆弱群体的需求。

各项可持续发展目标是相互关联和相辅相成的，对于实现新议程的宗旨至关重要。如果能在议程述及的所有领域中实现我们的雄心，所有人的生活都会得到很大改善，我们的世界会变得更加美好。

宣言

导言

1. 我们，在联合国成立七十周年之际于 2015 年 9 月 25 日至 27 日会聚在纽约联合国总部的各国的国家元首、政府首脑和高级别代表，于今日制定了新的全球可持续发展目标。

2. 我们代表我们为之服务的各国人民，就一套全面、意义深远和以人为中心的具有普遍性和变革性的目标和具体目标，做出了一项历史性决定。我们承诺做出不懈努力，使这一议程在 2030 年前得到全面执行。我们认识到，消除一切形式和表现的贫困，包括消除极端贫困，是世界的最大挑战，对实现可持续发展必不可少。我们决心采用统筹兼顾的方式，从经济、社会和环境这三个方面实现可持续发展。我们还将在巩固实施千年发展目标成果的基础上，争取完成它们尚未完成的事业。

3. 我们决心在现在到 2030 年的这一段时间内，在世界各地消除贫困与饥饿；消除各个国家内和各个国家之间的不平等；建立和平、公正和包容的社会；保护人权和促进性别平等，增强妇女和女童的权能；永久保护地球及其自然资源。我们还决心创造条件，实现可持续、包容和持久的经济增长，让所有人分享繁荣并拥有体面工作，同时顾及各国不同的发展程度和能力。

4. 在踏上这一共同征途时，我们保证，绝不让任何一个人掉队。我们认识到人必须有自己的尊严，我们希望实现为所有国家、所有人民和所有社会阶层制定的目标和具体目标。我们将首先尽力帮助落在最后面的人。

5. 这是一个规模和意义都前所未有的议程。它顾及各国不同的国情、能力和发展程度，尊重各国的政策和优先事项，因而得到所有国家的认可，并适用于所有国家。这些目标既是普遍性的，也是具体的，涉及每一个国家，无论它是发达国家还是发展中国家。它们是整体的，不可分割的，兼顾了可持续发展的三个方面。

6. 这些目标和具体目标是在同世界各地的民间社会和其他利益攸关方进行长达两年的密集公开磋商和意见交流，尤其是倾听最贫困最弱势群体的意见后提出的。磋商也参考借鉴了联合国大会可持续发展目标开放工作组和联合国开展的重要工作。联合国秘书长于 2014 年 12 月就此提交了一份总结报告。

愿景

7. 我们通过这些目标和具体目标提出了一个雄心勃勃的变革愿景。我们要创建一个没有贫困、饥饿、疾病、匮乏并适于万物生存的世界。一个没有恐惧与暴力的世界。一个人人都识字的世界。一个人人平等享有优质大中小学教育、卫生保健和社会保障以及心身健康和社会福利的世界。一个我们重申我们对享有安全饮用水和环境卫生的人权的承诺和卫生条件得到改善的世界。一个有充足、安全、价格低廉和营养丰富的粮食的世界。一个有安全、充满活力和可持续的人类居住地的世界和一个人人可以获得价廉、可靠和可持续能源的世界。

8. 我们要创建一个普遍尊重人权和人的尊严、法治、公正、平等和非歧视，尊重种族、民族和文化多样性，尊重机会均等以充分发挥人的潜能和促进共同繁荣的世界。一个注重对儿童投资和让每个儿童在没有暴力和剥削的环境中成长的世界。一个每个妇女和女童都充分享有性别平等和一切阻碍女性权能的法律、社会和经济障碍都被消除的世界。一个公正、公平、容忍、开放、有社会包容性和最弱势群体的需求得到满足的世界。

9. 我们要创建一个每个国家都实现持久、包容和可持续的经济增长和每个人都有体面工作的世界。一个以可持续的方式进行生产、消费和使用从空气到土地、从河流、湖泊和地下含水层到海洋的各种自然资源的世界。一个有可持续发展、包括持久的包容性经济增长、社会发展、环境保护和消除贫困与饥饿所需要的民主、良政和法治，并有有利的国

214

内和国际环境的世界。一个技术研发和应用顾及对气候的影响、维护生物多样性和有复原力的世界。一个人类与大自然和谐共处，野生动植物和其他物种得到保护的世界。

共同原则和承诺

10. 新议程依循《联合国宪章》的宗旨和原则，充分尊重国际法。它以《世界人权宣言》、国际人权条约、《联合国千年宣言》和 2005 年世界首脑会议成果文件为依据，并参照了《发展权利宣言》等其他文书。

11. 我们重申联合国所有重大会议和首脑会议的成果，因为它们为可持续发展奠定了坚实基础，帮助勾画这一新议程。这些会议和成果包括《关于环境与发展的里约宣言》、可持续发展问题世界首脑会议、社会发展问题世界首脑会议、《国际人口与发展会议行动纲领》、《北京行动纲要》和联合国可持续发展大会。我们还重申这些会议的后续行动，包括以下会议的成果：第四次联合国最不发达国家问题会议、第三次小岛屿发展中国家问题国际会议、第二次联合国内陆发展中国家问题会议和第三次联合国世界减灾大会。

12. 我们重申《关于环境与发展的里约宣言》的各项原则，特别是宣言原则 7 提出的共同但有区别的责任原则。

13. 这些重大会议和首脑会议提出的挑战和承诺是相互关联的，需要有统筹解决办法。要有新的方法来有效处理这些挑战。在实现可持续发展方面，消除一切形式和表现的贫困，消除国家内和国家间的不平等，保护地球，实现持久、包容和可持续的经济增长和促进社会包容，是相互关联和相辅相成的。

当今所处的世界

14. 我们的会议是在可持续发展面临巨大挑战之际召开的。我们有几十亿公民仍然处于贫困之中，生活缺少尊严。国家内和国家间的不平等在增加。机会、财富和权力的差异十分悬殊。性别不平等仍然是一个重大挑战。失业特别是青年失业，是一个令人担忧的重要问题。全球性疾病威胁、越来越频繁和严重的自然灾害、不断升级的冲突、暴力极端主义、恐怖主义和有关的人道主义危机以及被迫流离失所，有可能使最近数十年取得的大部分发展进展功亏一篑。自然资源的枯竭和环境退化产生的不利影响，包括荒漠化、干旱、土地退化、淡水资源缺乏和生物多样性丧失，使人类面临的各种挑战不断增加和日益严重。气候变化是当今时代的最大挑战之一，它产生的不利影响削弱了各国实现可持续发展的能力。全球升温、海平面上升、海洋酸化和其他气候变化产生的影响，严重影响到沿岸地区和低洼沿岸国家，包括许多最不发达国家和小岛屿发展中国家。许多社会和各种维系地球的生物系统的生存受到威胁。

15. 但这也是一个充满机遇的时代。应对许多发展挑战的工作已经取得了重大进展，已有千百万人民摆脱了极端贫困。男女儿童接受教育的机会大幅度增加。信息和通信技术的传播和世界各地之间相互连接的加强在加快人类进步方面潜力巨大，消除数字鸿沟，创建知识社会，医药和能源等许多领域中的科技创新也有望起到相同的作用。

16. 千年发展目标是在近十五年前商定的。这些目标为发展确立了一个重要框架，已经在一些重要领域中取得了重大进展。但是各国的进展参差不齐，非洲、最不发达国家、内陆发展中国家和小岛屿发展中国家尤其如此，一些千年发展目标仍未实现，特别是那些涉及孕产妇、新生儿和儿童健康的目标和涉及生殖健康的目标。我们承诺全面实现所有千年发展目标，包括尚未实现的目标，特别是根据相关支助方案，重点为最不发达国家和其他特殊处境国家提供更多援助。新议程巩固发展了千年发展目标，力求完成没有完成的目标，特别是帮助最弱势群体。

17. 但是，我们今天宣布的框架远远超越了千年发展目标。除了保留消贫、保健、教育和粮食安全和营养等发展优先事项外，它还提出了各种广泛的经济、社会和环境目标。它还承诺建立更加和平、更加包容的社会。重要的是，它还提出了执行手段。新的目标和具体目标相互紧密关联，有许多贯穿不同领域的要点，体现了我们决定采用统筹做法。

新议程

18. 我们今天宣布 17 个可持续发展目标以及 169 个相关具体目标，这些目标是一个整体，不可分割。世界各国领导人此前从未承诺为如此广泛和普遍的政策议程共同采取行动和做出努力。我们正共同走上可持续发展道路，集体努力谋求全球发展，开展为世界所有国家和所有地区带来巨大好处的"双赢"合作。我们重申，每个国家永远对其财富、自然资源和经济活动充分拥有永久主权，并应该自由行使这一主权。我们将执行这一议程，全面造福今世后代所有人。在此过程中，我们重申将维护国际法，并强调，将采用信守国际法为各国规定的权利和义务的方式来执行本议程。

19. 我们重申《世界人权宣言》以及其他涉及人权和国际法的国际文书的重要性。我们强调，所有国家都有责任根据《联合国宪章》尊重、保护和促进所有人的人权和基本自由，不分其种族、肤色、性别、语言、宗教、政治或其他见解、国籍或社会出身、财产、出生、残疾或其他身份等任何区别。

20. 实现性别平等和增强妇女和女童权能将大大促进我们实现所有目标和具体目标。如果人类中有一半人仍然不能充分享有人权和机会，就无法充分发挥人的潜能和实现可持续发展。妇女和女童必须能平等地接受优质教育，获得经济资源和参政机会，并能在就业、担任各级领导和参与决策方面，享有与男子和男童相同的机会。我们将努力争取为缩小两性差距大幅增加投入，在性别平等和增强妇女权能方面，在全球、区域和国家各级进一步为各机构提供支持。将消除对妇女和女童的一切形式歧视和暴力，包括通过让男子和男童参与。在执行本议程过程中，必须有系统地顾及性别平等因素。

21. 新的目标和具体目标将在 2016 年 1 月 1 日生效，是我们在今后十五年内决策的指南。我们会在考虑到本国实际情况、能力和发展程度的同时，依照本国的政策和优先事项，努力在国家、区域和全球各级执行本议程。我们将在继续依循相关国际规则和承诺的同时，保留国家政策空间，以促进持久、包容和可持续的经济增长，特别是发展中国家的增长。我们同时承认区域和次区域因素、区域经济一体化和区域经济关联性在可持续发展过程中的重要性。区域和次区域框架有助于把可持续发展政策切实变为各国的具体行动。

22. 每个国家在寻求可持续发展过程中都面临具体的挑战。尤其需要关注最脆弱国家，特别是非洲国家、最不发达国家、内陆发展中国家和小岛屿发展中国家，也要关注冲突中和冲突后国家。许多中等收入国家也面临重大挑战。

23. 必须增强弱势群体的权能。其需求被列入本议程的人包括所有的儿童、青年、残疾人（他们有 80% 的人生活在贫困中）、艾滋病毒/艾滋病感染者、老人、土著居民、难民和境内流离失所者以及移民。我们决心根据国际法进一步采取有效措施和行动，消除障碍和取消限制，进一步提供支持，满足生活在有复杂的人道主义紧急情况地区和受恐怖主义影响地区人民的需求。

24. 我们承诺消除一切形式和表现的贫困，包括到 2030 年时消除极端贫困。必须让所有人的生活达到基本标准，包括通过社会保障体系做到这一点。我们决心优先消除饥饿，实现粮食安全，并决心消除一切形式的营养不良。我们为此重申世界粮食安全委员会需要各方参与并发挥重要作用，欢迎《营养问题罗马宣言》和《行动框架》。我们将把资源用于发展中国家的农村地区和可持续农业与渔业，支持发展中国家、特别是最不发达国家的小户农民（特别是女性农民）、牧民和渔民。

25. 我们承诺在各级提供包容和平等的优质教育——幼儿教育、小学、中学和大学教育、技术和职业培训。所有人，特别是处境困难者，无论性别、年龄、种族、族裔为何，无论是残疾人、移民还是土著居民，无论是儿童还是青年，都应有机会终身获得教育，掌握必要知识和技能，充分融入社会。我们将努力为儿童和青年提供一个有利于成长的环境，让他们充分享有权利和发挥能力，帮助各国享受人口红利，包括保障学校安全，维护社区和家庭的和谐。

26. 为了促进身心健康，延长所有人的寿命，我们必须实现全民健康保险，让人们获得优质医疗服务，不遗漏任何人。我们承诺加快迄今在减少新生儿、儿童和孕产妇死亡率方面的进展，到2030年时将所有可以预防的死亡减至零。我们承诺让所有人获得性保健和生殖保健服务，包括计划生育服务，提供信息和教育。我们还会同样加快在消除疟疾、艾滋病毒/艾滋病、肺结核、肝炎、埃博拉和其他传染疾病和流行病方面的进展，包括处理抗生素耐药性不断增加的问题和在发展中国家肆虐的疾病得不到关注的问题。我们承诺预防和治疗非传染性疾病，包括行为、发育和神经系统疾病，因为它们是对可持续发展的一个重大挑战。

27. 我们将争取为所有国家建立坚实的经济基础。实现繁荣必须有持久、包容和可持续的经济增长。只有实现财富分享，消除收入不平等，才能有经济增长。我们将努力创建有活力、可持续、创新和以人为中心的经济，促进青年就业和增强妇女经济权能，特别是让所有人都有体面工作。我们将消灭强迫劳动和人口贩卖，消灭一切形式的童工。劳工队伍身体健康，受过良好教育，拥有从事让人身心愉快的生产性工作的必要知识和技能，并充分融入社会，将会使所有国家受益。我们将加强所有最不发达国家所有行业的生产能力，包括进行结构改革。我们将采取政策提高生产能力、生产力和生产性就业；为贫困和低收入者提供资金；发展可持续农业、牧业和渔业；实现可持续工业发展；让所有人获得价廉、可靠、可持续的现代能源服务；建立可持续交通系统，建立质量高和复原能力强的基础设施。

28. 我们承诺从根本上改变我们的社会生产和消费商品及服务的方式。各国政府、国际组织、企业界和其他非国家行为体和个人必须协助改变不可持续的生产和消费模式，包括推动利用所有来源提供财务和技术援助，加强发展中国家的科学技术能力和创新能力，以便采用更可持续的生产和消费模式。我们鼓励执行《可持续消费和生产模式方案十年框架》。所有国家都要采取行动，发达国家要发挥带头作用，同时要考虑到发展中国家的发展水平和能力。

29. 我们认识到，移民对包容性增长和可持续发展做出了积极贡献。我们还认识到，跨国移民实际上涉及多种因素，对于原籍国、过境国和目的地国的发展具有重大影响，需要有统一和全面的对策。我们将在国际上开展合作，确保安全、有序的定期移民，充分尊重人权，不论移民状况如何都人道地对待移民，并人道地对待难民和流离失所者。这种合作应能加强收容难民的社区、特别是发展中国家收容社区的活力。我们强调移民有权返回自己的原籍国，并忆及各国必须以适当方式接受回返的本国国民。

30. 我们强烈敦促各国不颁布和实行任何不符合国际法和《联合国宪章》，阻碍各国、特别是发展中国家全面实现经济和社会发展的单方面经济、金融或贸易措施。

31. 我们确认《联合国气候变化框架公约》是谈判确定全球气候变化对策的首要国际政府间论坛。我们决心果断应对气候变化和环境退化带来的威胁。气候变化是全球性的，要开展最广泛的国际合作来加速解决全球温室气体减排和适应问题以应对气候变化的不利影响。我们非常关切地注意到，《公约》缔约方就到 2020 年全球每年温室气体排放量做出的减缓承诺的总体效果与可能将全球平均温升控制在比实现工业化前高 2 或 1.5 摄氏度之内而需要达到的整体排放路径相比，仍有巨大的差距。

32. 展望将于巴黎举行的第二十一次缔约方大会，我们特别指出，所有国家都承诺努力达成一项有雄心的、普遍适用的气候协定。我们重申，《公约》之下对所有缔约方适用的议定书、另一份法律文书或有某种法律约束力的议定结果，应平衡减缓、适应、资金、技术开发与转让、能力建设以及行动和支持的透明度等问题。

33. 我们确认，社会和经济发展离不开对地球自然资源的可持续管理。因此，我们决心保护和可持续利用海洋、淡水资源以及森林、山地和旱地，保护生物多样性、生态系统和野生动植物。我们还决心促进可持续旅游，解决缺水和水污染问题，加强在荒漠化、沙尘暴、土地退化和干旱问题上的合作，加强灾后恢复能力和减少灾害风险。在这方面，我们对预定 2016 年在墨西哥举行的生物多样性公约第十三次缔约方会议充满期待。

34. 我们确认，可持续的城市发展和管理对于我们人民的生活质量至关重要。我们将同地方当局和社区合作，规划我们的城市和人类住区，重新焕发它们的活力，以促进社区凝聚力和人身安全，推动创新和就业。我们将减少由城市活动和危害人类健康和环境的化学品所产生的不利影响，包括以对环境无害的方式管理和安全使用化学品，减少废物，回收废物和提高水和能源的使用效率。我们将努力把城市对全球气候系统的影响降到最低限度。我们还会在我们的国家、农村和城市发展战略与政策中考虑到人口趋势和人口预测。我们对即将在基多举行的第三次联合国住房与可持续城市发展会议充满期待。

35. 没有和平与安全，可持续发展无法实现；没有可持续发展，和平与安全也将面临风险。新议程确认，需要建立和平、公正和包容的社会，在这一社会中，所有人都能平等诉诸法律，人权（包括发展权）得到尊重，在各级实行有效的法治和良政，并有透明、有效和负责的机构。本议程论及各种导致暴力、不安全与不公正的因素，例如不平等、腐败、治理不善以及非法的资金和武器流动。我们必须加倍努力，解决或防止冲突，向冲突后国家提供支持，包括确保妇女在建设和平和国家建设过程中发挥作用。我们呼吁依照国际法进一步采取有效的措施和行动，消除处于殖民统治和外国占领下的人民充分行使自决权的障碍，因为这些障碍影响到他们的经济和社会发展，以及他们的环境。

36. 我们承诺促进不同文化间的理解、容忍、相互尊重，确立全球公民道德和责任共担。我们承认自然和文化多样性，认识到所有文化与文明都能推动可持续发展，是可持续发展的重要推动力。

37. 体育也是可持续发展的一个重要推动力。我们确认，体育对实现发展与和平的贡献越来越大，因为体育促进容忍和尊重，增强妇女和青年、个人和社区的权能，有助于实现健康、教育和社会包容方面的目标。

38. 我们根据《联合国宪章》重申尊重各国的领土完整和政治独立的必要性。

执行手段

39. 新议程规模宏大，雄心勃勃，因此需要恢复全球伙伴关系的活力，以确保它得到执行。我们将全力以赴。这一伙伴关系将发扬全球团结一致的精神，特别是要与最贫困的人和境况脆弱的人同舟共济。这一伙伴关系将推动全球高度参与，把各国政府、私营部门、民间社会、联合国系统和其他各方召集在一起，调动现有的一切资源，协助落实所有目标和具体目标。

40. 目标 17 和每一个可持续发展目标下关于执行手段的具体目标是实现我们议程的关键，它们对其他目标和具体目标也同样重要。我们可以在 2015 年 7 月 13 日至 16 日在亚的斯亚贝巴举行的第三次发展筹资国际会议成果文件提出的具体政策和行动的支持下，在重振活力的可持续发展全球伙伴关系框架内实现本议程，包括可持续发展目标。我们欢迎大会核可作为 2030 年可持续发展议程组成部分的《亚的斯亚贝巴行动议程》。我们确认，全面执行《亚的斯亚贝巴行动议程》对于实现可持续发展目标和具体目标至关重要。

41. 我们确认各国对本国经济和社会发展负有首要责任。新议程阐述了落实各项目标和具体目标所需要的手段。我们确认，这些手段包括调动财政资源，开展能力建设，以优惠条件向发展中国家转让对环境无害的技术，包括按照相互商定的减让和优惠条件进行转让。国内和国际公共财政将在提供基本服务和公共产品以及促进从其他来源筹资方面起关键作用。我们承认，私营部门——从微型企业、合作社到跨国公司——民间社会组织和慈善组织将在执行新议程方面发挥作用。

42. 我们支持实施相关的战略和行动方案，包括《伊斯坦布尔宣言和行动纲领》《小岛屿发展中国家快速行动方式（萨摩亚途径）》《内陆发展中国家 2014－2024 年十年维也纳行动纲领》，重申必须支持非洲联盟 2063 年议程和非洲发展新伙伴关系方案，因为它们都是新议程的组成部分。我们认识到，在冲突和冲突后国家实现持久和平与可持续发展面临很大挑战。

43. 我们强调，国际公共资金对各国筹集国内公共资源的努力发挥着重要补充作用，对国内资源有限的最贫困和最脆弱国家而言尤其如此。国际公共资金包括官方发展援助的一个重要用途是促进从其他公共和私人来源筹集更多的资源。官方发展援助提供方再次做出各自承诺，包括许多发达国家承诺实现对发展中国家的官方发展援助占其国民总收入的0.7%，对最不发达国家的官方发展援助占其国民总收入的 0.15% 至0.20% 的目标。

44. 我们确认，国际金融机构必须按照其章程支持各国、特别是发展中国家享有政策空间。我们承诺扩大和加强发展中国家——包括非洲国家、最不发达国家、内陆发展中国家、小岛屿发展中国家和中等收入国家——在国际经济决策、规范制定和全球经济治理方面的话语权和参与度。

45. 我们还确认，各国议会在颁布法律、制定预算和确保有效履行承诺方面发挥重要作用。各国政府和公共机构还将与区域和地方当局、次区域机构、国际机构、学术界、慈善组织、志愿团体以及其他各方密切合作，开展执行工作。

46. 我们着重指出，一个资源充足、切合实际、协调一致、高效率和高成效的联合国系统在支持实现可持续发展目标和可持续发展方面发挥着重要作用并拥有相对优势。我们强调，必须加强各国在国家一级的自主权和领导权，并支持经社理事会目前就联合国发展系统在本议程中的长期地位问题开展的对话。

后续落实和评估

47. 各国政府主要负责在今后 15 年内落实和评估国家、区域和全球各级落实各项目标和具体目标的进展。为了对我们的公民负责，我们将按照本议程和《亚的斯亚贝巴行动议程》的规定，系统进行各级的后续落实和评估工作。联合国大会和经社理事会主办的高级别政治论坛将在监督全球的后续落实和评估工作方面起核心作用。

48. 我们正在编制各项指标，以协助开展这项工作。我们需要优质、易获取、及时和可靠的分类数据，帮助衡量进展情况，不让任何一个人掉队。这些数据对决策至关重要。应尽可能利用现有报告机制提供的数据和资料。我们同意加紧努力，加强发展中国家，特别是非洲国家、最不发达国家、内陆发展中国家、小岛屿发展中国家和中等收入国家的统计能力。我们承诺制定更广泛的衡量进展的方法，对国内生产总值这一指标进行补充。

行动起来，变革我们的世界

49. 七十年前，老一代世界领袖齐聚一堂，创建了联合国。他们在世界四分五裂的情况下，在战争的废墟中创建了联合国，确立了本组织必须依循和平、对话和国际合作的价值观。《联合国宪章》就是这些价值观至高无上的体现。

50. 今天，我们也在做出具有重要历史意义的决定。我们决心为所有人，包括为数百万被剥夺机会而无法过上体面、有尊严、有意义的生活和无法充分发挥潜力的人，建设一个更美好的未来。我们可以成为成功消除贫困的第一代人；我们也可能是有机会拯救地球的最后一代人。如果我们能够实现我们的目标，那么世界将在 2030 年变得更加美好。

51. 我们今天宣布的今后十五年的全球行动议程，是二十一世纪人类和地球的章程。儿童和男女青年是变革的重要推动者，他们将在新的目标中找到一个平台，用自己无穷的活力来创造一个更美好的世界。

52. "我联合国人民"是《联合国宪章》的开篇名言。今天踏上通往2030 年征途的，正是"我联合国人民"。与我们一起踏上征途的有各国政府及议会、联合国系统和其他国际机构、地方当局、土著居民、民间社会、工商业和私营部门、科学和学术界，还有全体人民。数百万人已经参加了这一议程的制订并将其视为自己的议程。这是一个民有、民治和民享的议程，我们相信它一定会取得成功。

53. 我们把握着人类和地球的未来。今天的年轻人也把握着人类和地球的未来，他们会把火炬继续传下去。我们已经绘制好可持续发展的路线，接下来要靠我们大家来圆满完成这一征程，并保证不会丧失已取得的成果。

可持续发展目标和具体目标

54. 在进行各方参与的政府间谈判后，我们根据可持续发展目标开放工作组的建议（建议起首部分介绍了建议的来龙去脉）[1]，商定了下列目标和具体目标。

55. 可持续发展目标和具体目标是一个整体，不可分割，是全球性和普遍适用的，兼顾各国的国情、能力和发展水平，并尊重各国的政策和优先事项。具体目标是人们渴望达到的全球性目标，由各国政府根据国际社会的总目标，兼顾本国国情制定。各国政府还将决定如何把这些激励人心的全球目标列入本国的规划工作、政策和战略。必须认识到，可持续发展与目前在经济、社会和环境领域中开展的其他相关工作相互关联。

56. 我们在确定这些目标和具体目标时认识到，每个国家都面临实现可持续发展的具体挑战，我们特别指出最脆弱国家，尤其是非洲国家、最不发达国家、内陆发展中国家和小岛屿发展中国家面临的具体挑战，以及中等收入国家面临的具体挑战。我们还要特别关注陷入冲突的国家。

57. 我们认识到，仍无法获得某些具体目标的基线数据，我们呼吁进一步协助加强会员国的数据收集和能力建设工作，以便在缺少这类数据的国家制定国家和全球基线数据。我们承诺将填补数据收集的空白，以便在掌握更多信息的情况下衡量进展，特别是衡量那些没有明确数字指标的具体目标的进展。

58. 我们鼓励各国在其他论坛不断做出努力，处理好可能对执行本议程构成挑战的重大问题；并且尊重这些进程的独立授权。我们希望议程和议程的执行工作支持而不是妨碍其他这些进程以及这些进程做出的决定。

59. 我们认识到，每一国家可根据本国国情和优先事项，采用不同的方式、愿景、模式和手段来实现可持续发展；我们重申，地球及其生态系统是我们共同的家园，"地球母亲"是许多国家和地区共同使用的表述。

可持续发展目标

目标 1. 在全世界消除一切形式的贫困

目标 2. 消除饥饿，实现粮食安全，改善营养状况和促进可持续农业

目标 3. 确保健康的生活方式，促进各年龄段人群的福祉

目标 4. 确保包容和公平的优质教育，让全民终身享有学习机会

目标 5. 实现性别平等，增强所有妇女和女童的权能

目标 6. 为所有人提供水和环境卫生并对其进行可持续管理

目标 7. 确保人人获得负担得起的、可靠和可持续的现代能源

目标 8. 促进持久、包容和可持续的经济增长，促进充分的生产性就业和人人获得体面工作

目标 9. 建造具备抵御灾害能力的基础设施，促进具有包容性的可持续工业化，推动创新

目标 10. 减少国家内部和国家之间的不平等

目标 11. 建设包容、安全、有抵御灾害能力和可持续的城市和人类住区

目标 12. 采用可持续的消费和生产模式

目标 13. 采取紧急行动应对气候变化及其影响 *

目标 14. 保护和可持续利用海洋和海洋资源以促进可持续发展

目标 15. 保护、恢复和促进可持续利用陆地生态系统，可持续管理森林，防治荒漠化，制止和扭转土地退化，遏制生物多样性的丧失

目标 16. 创建和平、包容的社会以促进可持续发展，让所有人都能诉诸司法，在各级建立有效、负责和包容的机构

目标 17. 加强执行手段，重振可持续发展全球伙伴关系

* 确认《联合国气候变化框架公约》是谈判确定全球气候变化对策的首要国际政府间论坛。

目标 1. 在全世界消除一切形式的贫困

1.1 到 2030 年，在全球所有人口中消除极端贫困，极端贫困目前的衡量标准是每人每日生活费不足 1.25 美元

1.2 到 2030 年，按各国标准界定的陷入各种形式贫困的各年龄段男女和儿童至少减半

1.3 执行适合本国国情的全民社会保障制度和措施，包括最低标准，到 2030 年在较大程度上覆盖穷人和弱势群体

1.4 到 2030 年，确保所有男女，特别是穷人和弱势群体，享有平等获取经济资源的权利，享有基本服务，获得对土地和其他形式财产的所有权和控制权，继承遗产，获取自然资源、适当的新技术和包括小额信贷在内的金融服务

1.5 到 2030 年，增强穷人和弱势群体的抵御灾害能力，降低其遭受极端天气事件和其他经济、社会、环境冲击和灾害的概率和易受影响程度

1.a 确保从各种来源，包括通过加强发展合作充分调集资源，为发展中国家、特别是最不发达国家提供充足、可预见的手段以执行相关计划和政策，消除一切形式的贫困

1.b 根据惠及贫困人口和顾及性别平等问题的发展战略，在国家、区域和国际层面制定合理的政策框架，支持加快对消贫行动的投资

目标 2. 消除饥饿，实现粮食安全，改善营养状况和促进可持续农业

2.1 到 2030 年，消除饥饿，确保所有人，特别是穷人和弱势群体，包括婴儿，全年都有安全、营养和充足的食物

2.2 到 2030 年，消除一切形式的营养不良，包括到 2025 年实现 5 岁以下儿童发育迟缓和消瘦问题相关国际目标，解决青春期少女、孕妇、哺乳期妇女和老年人的营养需求

2.3 到 2030 年，实现农业生产力翻倍和小规模粮食生产者，特别是妇女、土著居民、农户、牧民和渔民的收入翻番，具体做法包括确保平

等获得土地、其他生产资源和要素、知识、金融服务、市场以及增值和非农就业机会

2.4 到 2030 年，确保建立可持续粮食生产体系并执行具有抗灾能力的农作方法，以提高生产力和产量，帮助维护生态系统，加强适应气候变化、极端天气、干旱、洪涝和其他灾害的能力，逐步改善土地和土壤质量

2.5 到 2020 年，通过在国家、区域和国际层面建立管理得当、多样化的种子和植物库，保持种子、种植作物、养殖和驯养的动物及与之相关的野生物种的基因多样性；根据国际商定原则获取及公正、公平地分享利用基因资源和相关传统知识产生的惠益

2.a 通过加强国际合作等方式，增加对农村基础设施、农业研究和推广服务、技术开发、植物和牲畜基因库的投资，以增强发展中国家，特别是最不发达国家的农业生产能力

2.b 根据多哈发展回合授权，纠正和防止世界农业市场上的贸易限制和扭曲，包括同时取消一切形式的农业出口补贴和具有相同作用的所有出口措施

2.c 采取措施，确保粮食商品市场及其衍生工具正常发挥作用，确保及时获取包括粮食储备量在内的市场信息，限制粮价剧烈波动

目标 3. 确保健康的生活方式，促进各年龄段人群的福祉

3.1 到 2030 年，全球孕产妇每 10 万例活产的死亡率降至 70 人以下

3.2 到 2030 年，消除新生儿和 5 岁以下儿童可预防的死亡，各国争取将新生儿每 1000 例活产的死亡率至少降至 12 例，5 岁以下儿童每 1000 例活产的死亡率至少降至 25 例

3.3 到 2030 年，消除艾滋病、结核病、疟疾和被忽视的热带疾病等流行病，抗击肝炎、水传播疾病和其他传染病

3.4 到 2030 年，通过预防、治疗及促进身心健康，将非传染性疾病导致的过早死亡减少三分之一

3.5 加强对滥用药物包括滥用麻醉药品和有害使用酒精的预防和治疗

3.6 到 2020 年，全球公路交通事故造成的死伤人数减半

3.7 到 2030 年，确保普及性健康和生殖健康保健服务，包括计划生育、信息获取和教育，将生殖健康纳入国家战略和方案

3.8 实现全民健康保障，包括提供金融风险保护，人人享有优质的基本保健服务，人人获得安全、有效、优质和负担得起的基本药品和疫苗

3.9 到 2030 年，大幅减少危险化学品以及空气、水和土壤污染导致的死亡和患病人数

3.a 酌情在所有国家加强执行《世界卫生组织烟草控制框架公约》

3.b 支持研发主要影响发展中国家的传染和非传染性疾病的疫苗和药品，根据《关于与贸易有关的知识产权协议与公共健康的多哈宣言》的规定，提供负担得起的基本药品和疫苗，《多哈宣言》确认发展中国家有权充分利用《与贸易有关的知识产权协议》中关于采用变通办法保护公众健康，尤其是让所有人获得药品的条款

3.c 大幅加强发展中国家，尤其是最不发达国家和小岛屿发展中国家的卫生筹资，增加其卫生工作者的招聘、培养、培训和留用

3.d 加强各国，特别是发展中国家早期预警、减少风险，以及管理国家和全球健康风险的能力

目标 4. 确保包容和公平的优质教育，让全民终身享有学习机会

4.1 到 2030 年，确保所有男女童完成免费、公平和优质的中小学教育，并取得相关和有效的学习成果

4.2 到 2030 年，确保所有男女童获得优质幼儿发展、看护和学前教育，为他们接受初级教育做好准备

4.3 到 2030 年，确保所有男女平等获得负担得起的优质技术、职业和高等教育，包括大学教育

4.4 到 2030 年，大幅增加掌握就业、体面工作和创业所需相关技能，包括技术性和职业性技能的青年和成年人数

4.5 到 2030 年，消除教育中的性别差距，确保残疾人、土著居民和处境脆弱儿童等弱势群体平等获得各级教育和职业培训

4.6 到 2030 年，确保所有青年和大部分成年男女具有识字和计算能力

4.7 到 2030 年，确保所有进行学习的人都掌握可持续发展所需的知识和技能，具体做法包括开展可持续发展、可持续生活方式、人权和性别平等方面的教育、弘扬和平和非暴力文化、提升全球公民意识，以及肯定文化多样性和文化对可持续发展的贡献

4.a 建立和改善兼顾儿童、残疾和性别平等的教育设施，为所有人提供安全、非暴力、包容和有效的学习环境

4.b 到 2020 年，在全球范围内大幅增加发达国家和部分发展中国家为发展中国家，特别是最不发达国家、小岛屿发展中国家和非洲国家提供的高等教育奖学金数量，包括职业培训和信息通信技术、技术、工程、科学项目的奖学金

4.c 到 2030 年，大幅增加合格教师人数，具体做法包括在发展中国家，特别是最不发达国家和小岛屿发展中国家开展师资培训方面的国际合作

目标 5. 实现性别平等，增强所有妇女和女童的权能

5.1 在全球消除对妇女和女童一切形式的歧视

5.2 消除公共和私营部门针对妇女和女童一切形式的暴力行为，包括贩卖、性剥削及其他形式的剥削

5.3 消除童婚、早婚、逼婚及割礼等一切伤害行为

5.4 认可和尊重无偿护理和家务，各国可视本国情况提供公共服务、基础设施和社会保护政策，在家庭内部提倡责任共担

5.5 确保妇女全面有效参与各级政治、经济和公共生活的决策，并享有进入以上各级决策领导层的平等机会

5.6 根据《国际人口与发展会议行动纲领》、《北京行动纲领》及其历次审查会议的成果文件，确保普遍享有性和生殖健康以及生殖权利

5.a 根据各国法律进行改革，给予妇女平等获取经济资源的权利，以及享有对土地和其他形式财产的所有权和控制权，获取金融服务、遗产和自然资源

5.b 加强技术特别是信息和通信技术的应用，以增强妇女权能

5.c 采用和加强合理的政策和有执行力的立法，促进性别平等，在各级增强妇女和女童权能

目标 6. 为所有人提供水和环境卫生并对其进行可持续管理

6.1 到 2030 年，人人普遍和公平获得安全和负担得起的饮用水

6.2 到 2030 年，人人享有适当和公平的环境卫生和个人卫生，杜绝露天排便，特别注意满足妇女、女童和弱势群体在此方面的需求

6.3 到 2030 年，通过以下方式改善水质：减少污染，消除倾倒废物现象，把危险化学品和材料的排放减少到最低限度，将未经处理废水比例减半，大幅增加全球废物回收和安全再利用

6.4 到 2030 年，所有行业大幅提高用水效率，确保可持续取用和供应淡水，以解决缺水问题，大幅减少缺水人数

6.5 到 2030 年，在各级进行水资源综合管理，包括酌情开展跨境合作

6.6 到 2020 年，保护和恢复与水有关的生态系统，包括山地、森林、湿地、河流、地下含水层和湖泊

6.a 到 2030 年，扩大向发展中国家提供的国际合作和能力建设支持，帮助它们开展与水和卫生有关的活动和方案，包括雨水采集、海水淡化、提高用水效率、废水处理、水回收和再利用技术

6.b 支持和加强地方社区参与改进水和环境卫生管理

目标 7. 确保人人获得负担得起的、可靠和可持续的现代能源

7.1 到 2030 年，确保人人都能获得负担得起的、可靠的现代能源服务

7.2 到 2030 年，大幅增加可再生能源在全球能源结构中的比例

7.3 到 2030 年，全球能效改善率提高一倍

7.a 到 2030 年，加强国际合作，促进获取清洁能源的研究和技术，

包括可再生能源、能效，以及先进和更清洁的化石燃料技术，并促进对能源基础设施和清洁能源技术的投资

7. b 到 2030 年，增建基础设施并进行技术升级，以便根据发展中国家，特别是最不发达国家、小岛屿发展中国家和内陆发展中国家各自的支持方案，为所有人提供可持续的现代能源服务

目标 8. 促进持久、包容和可持续经济增长，促进充分的生产性就业和人人获得体面工作

8.1 根据各国国情维持人均经济增长，特别是将最不发达国家国内生产总值年增长率至少维持在 7%

8.2 通过多样化经营、技术升级和创新，包括重点发展高附加值和劳动密集型行业，实现更高水平的经济生产力

8.3 推行以发展为导向的政策，支持生产性活动、体面就业、创业精神、创造力和创新；鼓励微型和中小型企业通过获取金融服务等方式实现正规化并成长壮大

8.4 到 2030 年，逐步改善全球消费和生产的资源使用效率，按照《可持续消费和生产模式方案十年框架》，努力使经济增长和环境退化脱钩，发达国家应在上述工作中做出表率

8.5 到 2030 年，所有男女，包括青年和残疾人实现充分和生产性就业，有体面工作，并做到同工同酬

8.6 到 2020 年，大幅减少未就业和未受教育或培训的青年人比例

8.7 立即采取有效措施，根除强制劳动、现代奴隶制和贩卖人口，禁止和消除最恶劣形式的童工，包括招募和利用童兵，到 2025 年终止一切形式的童工

8.8 保护劳工权利，推动为所有工人，包括移民工人，特别是女性移民和没有稳定工作的人创造安全和有保障的工作环境

8.9 到 2030 年，制定和执行推广可持续旅游的政策，以创造就业机会，促进地方文化和产品

8.10 加强国内金融机构的能力，鼓励并扩大全民获得银行、保险和

金融服务的机会

8.a 增加向发展中国家，特别是最不发达国家提供的促贸援助支持，包括通过《为最不发达国家提供贸易技术援助的强化综合框架》提供上述支持

8.b 到 2020 年，拟定和实施青年就业全球战略，并执行国际劳工组织的《全球就业契约》

目标 9. 建造具备抵御灾害能力的基础设施，促进具有包容性的可持续工业化，推动创新

9.1 发展优质、可靠、可持续和有抵御灾害能力的基础设施，包括区域和跨境基础设施，以支持经济发展和提升人类福祉，重点是人人可负担得起并公平利用上述基础设施

9.2 促进包容可持续工业化，到 2030 年，根据各国国情，大幅提高工业在就业和国内生产总值中的比例，使最不发达国家的这一比例翻番

9.3 增加小型工业和其他企业，特别是发展中国家的这些企业获得金融服务、包括负担得起的信贷的机会，将上述企业纳入价值链和市场

9.4 到 2030 年，所有国家根据自身能力采取行动，升级基础设施，改进工业以提升其可持续性，提高资源使用效率，更多采用清洁和环保技术及产业流程

9.5 在所有国家，特别是发展中国家，加强科学研究，提升工业部门的技术能力，包括到 2030 年，鼓励创新，大幅增加每 100 万人口中的研发人员数量，并增加公共和私人研发支出

9.a 向非洲国家、最不发达国家、内陆发展中国家和小岛屿发展中国家提供更多的财政、技术和技能支持，以促进其开发有抵御灾害能力的可持续基础设施

9.b 支持发展中国家的国内技术开发、研究与创新，包括提供有利的政策环境，以实现工业多样化，增加商品附加值

9.c 大幅提升信息和通信技术的普及度，力争到 2020 年在最不发达国家以低廉的价格普遍提供因特网服务

目标 10. 减少国家内部和国家之间的不平等

10.1 到 2030 年，逐步实现和维持最底层 40% 人口的收入增长，并确保其增长率高于全国平均水平

10.2 到 2030 年，增强所有人的权能，促进他们融入社会、经济和政治生活，而不论其年龄、性别、残疾与否、种族、族裔、出身、宗教信仰、经济地位或其他任何区别

10.3 确保机会均等，减少结果不平等现象，包括取消歧视性法律、政策和做法，推动与上述努力相关的适当立法、政策和行动

10.4 采取政策，特别是财政、薪资和社会保障政策，逐步实现更大的平等

10.5 改善对全球金融市场和金融机构的监管和监测，并加强上述监管措施的执行

10.6 确保发展中国家在国际经济和金融机构决策过程中有更大的代表性和发言权，以建立更加有效、可信、负责和合法的机构

10.7 促进有序、安全、正常和负责的移民和人口流动，包括执行合理规划和管理完善的移民政策

10.a 根据世界贸易组织的各项协议，落实对发展中国家、特别是最不发达国家的特殊和区别待遇原则

10.b 鼓励根据最需要帮助的国家，特别是最不发达国家、非洲国家、小岛屿发展中国家和内陆发展中国家的国家计划和方案，向其提供官方发展援助和资金，包括外国直接投资

10.c 到 2030 年，将移民汇款手续费减至 3% 以下，取消费用高于 5% 的侨汇渠道

目标 11. 建设包容、安全、有抵御灾害能力和可持续的城市和人类住区

11.1 到 2030 年，确保人人获得适当、安全和负担得起的住房和基本服务，并改造贫民窟

11.2 到2030年，向所有人提供安全、负担得起的、易于利用、可持续的交通运输系统，改善道路安全，特别是扩大公共交通，要特别关注处境脆弱者、妇女、儿童、残疾人和老年人的需要

11.3 到2030年，在所有国家加强包容和可持续的城市建设，加强参与性、综合性、可持续的人类住区规划和管理能力

11.4 进一步努力保护和捍卫世界文化和自然遗产

11.5 到2030年，大幅减少包括水灾在内的各种灾害造成的死亡人数和受灾人数，大幅减少上述灾害造成的与全球国内生产总值有关的直接经济损失，重点保护穷人和处境脆弱群体

11.6 到2030年，减少城市的人均负面环境影响，包括特别关注空气质量，以及城市废物管理等

11.7 到2030年，向所有人，特别是妇女、儿童、老年人和残疾人，普遍提供安全、包容、无障碍、绿色的公共空间

11.a 通过加强国家和区域发展规划，支持在城市、近郊和农村地区之间建立积极的经济、社会和环境联系

11.b 到2020年，大幅增加采取和实施综合政策和计划以构建包容、资源使用效率高、减缓和适应气候变化、具有抵御灾害能力的城市和人类住区数量，并根据《2015－2030年仙台减少灾害风险框架》在各级建立和实施全面的灾害风险管理

11.c 通过财政和技术援助等方式，支持最不发达国家就地取材，建造可持续的，有抵御灾害能力的建筑

目标12. 采用可持续的消费和生产模式

12.1 各国在照顾发展中国家发展水平和能力的基础上，落实《可持续消费和生产模式十年方案框架》，发达国家在此方面要做出表率

12.2 到2030年，实现自然资源的可持续管理和高效利用

12.3 到2030年，将零售和消费环节的全球人均粮食浪费减半，减少生产和供应环节的粮食损失，包括收获后的损失

12.4 到2020年，根据商定的国际框架，实现化学品和所有废物在整

个存在周期的无害环境管理，并大幅减少它们排入大气以及渗漏到水和土壤的概率，尽可能降低它们对人类健康和环境造成的负面影响

12.5 到 2030 年，通过预防、减排、回收和再利用，大幅减少废物的产生

12.6 鼓励各个公司，特别是大公司和跨国公司，采用可持续的做法，并将可持续性信息纳入各自报告周期

12.7 根据国家政策和优先事项，推行可持续的公共采购做法

12.8 到 2030 年，确保各国人民都能获取关于可持续发展以及与自然和谐的生活方式的信息并具有上述意识

12.a 支持发展中国家加强科学和技术能力，采用更可持续的生产和消费模式

12.b 开发和利用各种工具，监测能创造就业机会、促进地方文化和产品的可持续旅游业对促进可持续发展产生的影响

12.c 对鼓励浪费性消费的低效化石燃料补贴进行合理化调整，为此，应根据各国国情消除市场扭曲，包括调整税收结构，逐步取消有害补贴以反映其环境影响，同时充分考虑发展中国家的特殊需求和情况，尽可能减少对其发展可能产生的不利影响并注意保护穷人和受影响社区

目标 13. 采取紧急行动应对气候变化及其影响

13.1 加强各国抵御和适应气候相关的灾害和自然灾害的能力

13.2 将应对气候变化的举措纳入国家政策、战略和规划

13.3 加强气候变化减缓、适应、减少影响和早期预警等方面的教育和宣传，加强人员和机构在此方面的能力

13.a 发达国家履行在《联合国气候变化框架公约》下的承诺，即到 2020 年每年从各种渠道共同筹资 1000 亿美元，满足发展中国家的需求，帮助其切实开展减缓行动，提高履约的透明度，并尽快向绿色气候基金注资，使其全面投入运行

13.b 促进在最不发达国家和小岛屿发展中国家建立增强能力的机制，帮助其进行与气候变化有关的有效规划和管理，包括重点关注妇女、青年、地方社区和边缘化社区

目标 14. 保护和可持续利用海洋和海洋资源以促进可持续发展

14.1 到 2025 年，预防和大幅减少各类海洋污染，特别是陆上活动造成的污染，包括海洋废弃物污染和营养盐污染

14.2 到 2020 年，通过加强抵御灾害能力等方式，可持续管理和保护海洋和沿海生态系统，以免产生重大负面影响，并采取行动帮助它们恢复原状，使海洋保持健康，物产丰富

14.3 通过在各层级加强科学合作等方式，减少和应对海洋酸化的影响，

14.4 到 2020 年，有效规范捕捞活动，终止过度捕捞、非法、未报告和无管制的捕捞活动以及破坏性捕捞做法，执行科学的管理计划，以便在尽可能短的时间内使鱼群量至少恢复到其生态特征允许的能产生最高可持续产量的水平

14.5 到 2020 年，根据国内和国际法，并基于现有的最佳科学资料，保护至少 10% 的沿海和海洋区域

14.6 到 2020 年，禁止某些助长过剩产能和过度捕捞的渔业补贴，取消助长非法、未报告和无管制捕捞活动的补贴，避免出台新的这类补贴，同时承认给予发展中国家和最不发达国家合理、有效的特殊和差别待遇应是世界贸易组织渔业补贴谈判的一个不可或缺的组成部分[2]

14.7 到 2030 年，增加小岛屿发展中国家和最不发达国家通过可持续利用海洋资源获得的经济收益，包括可持续地管理渔业、水产养殖业和旅游业

14.a 根据政府间海洋学委员会《海洋技术转让标准和准则》，增加科学知识，培养研究能力和转让海洋技术，以便改善海洋的健康，增加海洋生物多样性对发展中国家，特别是小岛屿发展中国家和最不发达国家发展的贡献

14.b 向小规模个体渔民提供获取海洋资源和市场准入机会

14.c 按照《我们希望的未来》第 158 段所述，根据《联合国海洋法

公约》所规定的保护和可持续利用海洋及其资源的国际法律框架，加强海洋和海洋资源的保护和可持续利用

目标 15. 保护、恢复和促进可持续利用陆地生态系统，可持续管理森林，防治荒漠化，制止和扭转土地退化，遏制生物多样性的丧失

15.1 到 2020 年，根据国际协议规定的义务，保护、恢复和可持续利用陆地和内陆的淡水生态系统及其服务，特别是森林、湿地、山麓和旱地

15.2 到 2020 年，推动对所有类型森林进行可持续管理，停止毁林，恢复退化的森林，大幅增加全球植树造林和重新造林

15.3 到 2030 年，防治荒漠化，恢复退化的土地和土壤，包括受荒漠化、干旱和洪涝影响的土地，努力建立一个不再出现土地退化的世界

15.4 到 2030 年，保护山地生态系统，包括其生物多样性，以便加强山地生态系统的能力，使其能够带来对可持续发展必不可少的益处

15.5 采取紧急重大行动来减少自然栖息地的退化，遏制生物多样性的丧失，到 2020 年，保护受威胁物种，防止其灭绝

15.6 根据国际共识，公正和公平地分享利用遗传资源产生的利益，促进适当获取这类资源

15.7 采取紧急行动，终止偷猎和贩卖受保护的动植物物种，处理非法野生动植物产品的供求问题

15.8 到 2020 年，采取措施防止引入外来入侵物种并大幅减少其对土地和水域生态系统的影响，控制或消灭其中的重点物种

15.9 到 2020 年，把生态系统和生物多样性价值观纳入国家和地方规划、发展进程、减贫战略和核算

15.a 从各种渠道动员并大幅增加财政资源，以保护和可持续利用生物多样性和生态系统

15.b 从各种渠道大幅动员资源，从各个层级为可持续森林管理提供资金支持，并为发展中国家推进可持续森林管理，包括保护森林和重新造林，提供充足的激励措施

15. c 在全球加大支持力度，打击偷猎和贩卖受保护物种，包括增加地方社区实现可持续生计的机会

目标 16. 创建和平、包容的社会以促进可持续发展，让所有人都能诉诸司法，在各级建立有效、负责和包容的机构

16.1 在全球大幅减少一切形式的暴力和相关的死亡率

16.2 制止对儿童进行虐待、剥削、贩卖以及一切形式的暴力和酷刑

16.3 在国家和国际层面促进法治，确保所有人都有平等诉诸司法的机会

16.4 到 2030 年，大幅减少非法资金和武器流动，加强追赃和被盗资产返还力度，打击一切形式的有组织犯罪

16.5 大幅减少一切形式的腐败和贿赂行为

16.6 在各级建立有效、负责和透明的机构

16.7 确保各级的决策反应迅速，具有包容性、参与性和代表性

16.8 扩大和加强发展中国家对全球治理机构的参与

16.9 到 2030 年，为所有人提供法律身份，包括出生登记

16.10 根据国家立法和国际协议，确保公众获得各种信息，保障基本自由

16.a 通过开展国际合作等方式加强相关国家机制，在各层级提高各国尤其是发展中国家的能力建设，以预防暴力，打击恐怖主义和犯罪行为

16.b 推动和实施非歧视性法律和政策以促进可持续发展

目标 17. 加强执行手段，重振可持续发展全球伙伴关系

筹资

17.1 通过向发展中国家提供国际支持等方式，以改善国内征税和提高财政收入的能力，加强筹集国内资源

17.2 发达国家全面履行官方发展援助承诺，包括许多发达国家向发

展中国家提供占发达国家国民总收入 0.7% 的官方发展援助，以及向最不发达国家提供占比 0.15% 至 0.2% 援助的承诺；鼓励官方发展援助方设定目标，将占国民总收入至少 0.2% 的官方发展援助提供给最不发达国家

17.3 从多渠道筹集额外财政资源用于发展中国家

17.4 通过政策协调，酌情推动债务融资、债务减免和债务重组，以帮助发展中国家实现长期债务可持续性，处理重债穷国的外债问题以减轻其债务压力

17.5 采用和实施对最不发达国家的投资促进制度

技术

17.6 加强在科学、技术和创新领域的南北、南南、三方区域合作和国际合作，加强获取渠道，加强按相互商定的条件共享知识，包括加强现有机制间的协调，特别是在联合国层面加强协调，以及通过一个全球技术促进机制加强协调

17.7 以优惠条件，包括彼此商定的减让和特惠条件，促进发展中国家开发以及向其转让、传播和推广环境友好型的技术

17.8 促成最不发达国家的技术库和科学、技术和创新能力建设机制到 2017 年全面投入运行，加强促成科技特别是信息和通信技术的使用

能力建设

17.9 加强国际社会对在发展中国家开展高效的、有针对性的能力建设活动的支持力度，以支持各国落实各项可持续发展目标的国家计划，包括通过开展南北合作、南南合作和三方合作

贸易

17.10 通过完成多哈发展回合谈判等方式，推动在世界贸易组织下建

立一个普遍、以规则为基础、开放、非歧视和公平的多边贸易体系

17.11 大幅增加发展中国家的出口，尤其是到2020年使最不发达国家在全球出口中的比例翻番

17.12 按照世界贸易组织的各项决定，及时实现所有最不发达国家的产品永久免关税和免配额进入市场，包括确保对从最不发达国家进口产品的原产地优惠规则是简单、透明和有利于市场准入的

系统性问题

政策和机制的一致性

17.13 加强全球宏观经济稳定，包括为此加强政策协调和政策一致性

17.14 加强可持续发展政策的一致性

17.15 尊重每个国家制定和执行消除贫困和可持续发展政策的政策空间和领导作用

多利益攸关方伙伴关系

17.16 加强全球可持续发展伙伴关系，以多利益攸关方伙伴关系作为补充，调动和分享知识、专长、技术和财政资源，以支持所有国家，尤其是发展中国家实现可持续发展目标

17.17 借鉴伙伴关系的经验和筹资战略，鼓励和推动建立有效的公共、公私和民间社会伙伴关系

数据、监测和问责

17.18 到2020年，加强向发展中国家，包括最不发达国家和小岛屿发展中国家提供的能力建设支持，大幅增加获得按收入、性别、年龄、种族、民族、移徙情况、残疾情况、地理位置和各国国情有关的其他特征分类的高质量、及时和可靠的数据

17.19 到2030年，借鉴现有各项倡议，制定衡量可持续发展进展的

计量方法，作为对国内生产总值的补充，协助发展中国家加强统计能力建设

执行手段和全球伙伴关系

60. 我们再次坚定承诺全面执行这一新议程。我们认识到，如果不加强全球伙伴关系并恢复它的活力，如果没有相对具有雄心的执行手段，就无法实现我们的宏大目标和具体目标。恢复全球伙伴关系的活力有助于让国际社会深度参与，把各国政府、民间社会、私营部门、联合国系统和其他参与者召集在一起，调动现有的一切资源，协助执行各项目标和具体目标。

61. 本议程的目标和具体目标论及实现我们的共同远大目标所需要的手段。上文提到的每个可持续发展目标下的执行手段和目标17，是实现议程的关键，和其他目标和具体目标同样重要。我们在执行工作中和在监督进展的全球指标框架中，应同样予以优先重视。

62. 可在《亚的斯亚贝巴行动议程》提出的具体政策和行动的支持下，在恢复全球可持续发展伙伴关系活力的框架内实现本议程，包括实现各项可持续发展目标。《亚的斯亚贝巴行动议程》是2030年可持续发展议程的一个组成部分，它支持和补充2030年议程的执行手段，并为其提供背景介绍。它涉及国内公共资金、国内和国际私人企业和资金、国际发展合作、促进发展的国际贸易、债务和债务可持续性、如何处理系统性问题以及科学、技术、创新、能力建设、数据、监测和后续行动等事项。

63. 我们工作的中心是制定国家主导的具有连贯性的可持续发展战略，并辅之以综合性国家筹资框架。我们重申，每个国家对本国的经济和社会发展负有主要责任，国家政策和发展战略的作用无论怎样强调都不过分。我们将尊重每个国家在遵守相关国际规则和承诺的情况下执行消贫和可持续发展政策的政策空间和领导权。与此同时，各国的发展努力需要有利的国际经济环境，包括连贯的、相互支持的世界贸易、货币和金融体系，需要加强和改进全球经济治理。还需要在全球范围内开发和协助提供有关知识和技术，开展能力建设工作。我们致力于实现政策

连贯性，在各层面为所有参与者提供一个有利于可持续发展的环境，致力于恢复全球可持续发展伙伴关系的活力。

64. 我们支持执行相关的战略和行动方案，包括《伊斯坦布尔宣言和行动纲领》、《小岛屿发展中国家快速行动方式》（萨摩亚途径）、《内陆发展中国家 2014－2024 年十年维也纳行动纲领》，并重申必须支持非洲联盟《2063 年议程》和非洲发展新伙伴关系，因为它们都是新议程的组成部分。我们意识到在冲突和冲突后国家中实现持久和平与可持续发展有很大挑战。

65. 我们认识到，中等收入国家在实现可持续发展方面仍然面临重大挑战。为了使迄今取得的成就得以延续下去，应通过交流经验，加强协调来进一步努力应对当前挑战，联合国发展系统、国际金融机构、区域组织和其他利益攸关方也应提供更好、重点更突出的支持。

66. 我们特别指出，所有国家根据本国享有自主权的原则制定公共政策并筹集、有效使用国内资源，对于我们共同谋求可持续发展，包括实现可持续发展目标至关重要。我们认识到，国内资源首先来自经济增长，并需要在各层面有一个有利的环境。

67. 私人商业活动、投资和创新，是提高生产力、包容性经济增长和创造就业的主要动力。我们承认私营部门的多样性，包括微型企业、合作社和跨国公司。我们呼吁所有企业利用它们的创造力和创新能力来应对可持续发展的挑战。我们将扶植有活力和运作良好的企业界，同时要求《工商业与人权指导原则》、劳工组织劳动标准、《儿童权利公约》和主要多边环境协定等相关国际标准和协定的缔约方保护劳工权利，遵守环境和卫生标准。

68. 国际贸易是推动包容性经济增长和减贫的动力，有助于促进可持续发展。我们将继续倡导在世界贸易组织框架下建立普遍、有章可循、开放、透明、可预测、包容、非歧视和公平的多边贸易体系，实现贸易自由化。我们呼吁世贸组织所有成员国加倍努力，迅速结束《多哈发展议程》的谈判。我们非常重视向发展中国家，包括非洲国家、最不发达国家、内陆发展中国家、小岛屿发展中国家和中等收入国家提供与贸易有关的能力建设支持，包括促进区域经济一体化和互联互通。

69. 我们认识到，需要通过加强政策协调，酌情促进债务融资、减免、重组和有效管理，来帮助发展中国家实现债务的长期可持续性。许多国家仍然容易受到债务危机影响，而且有些国家，包括若干最不发达国家、小岛屿发展中国家和一些发达国家，正身处危机之中。我们重申，债务国和债权国必须共同努力，防止和消除债务不可持续的局面。保持可持续的债务水平是借债国的责任；但是我们承认，贷款国也有责任采用不削弱国家债务可持续性的方式发放贷款。我们将协助已经获得债务减免和使债务数额达到可持续水平的国家维持债务的可持续性。

70. 我们特此启动《亚的斯亚贝巴行动议程》设立的技术促进机制，以支持实现可持续发展目标。该技术促进机制将建立在会员国、民间社会、私营部门、科学界、联合国机构及其他利益攸关方等多个利益攸关方开展协作的基础上，由以下部分组成：联合国科学、技术、创新促进可持续发展目标跨机构任务小组；科学、技术、创新促进可持续发展目标多利益攸关方协作论坛；以及网上平台。

· 联合国科学、技术、创新促进可持续发展目标跨机构任务小组将在联合国系统内，促进科学、技术、创新事项的协调、统一与合作，加强相互配合、提高效率，特别是加强能力建设。任务小组将利用现有资源，与来自民间社会、私营部门和科学界的 10 名代表合作，筹备科学、技术、创新促进可持续发展目标多利益攸关方论坛会议，并组建和运行网上平台，包括就论坛和网上平台的模式提出建议。10 名代表将由秘书长任命，任期两年。所有联合国机构、基金和方案以及经社理事会职能委员会均可参加任务小组。任务小组最初将由目前构成技术促进非正式工作组的以下机构组成：联合国秘书处经济和社会事务部、联合国环境规划署、联合国工业发展组织、联合国教育、科学及文化组织、联合国贸易和发展会议、国际电信联盟、世界知识产权组织和世界银行。

· 网上平台负责全面汇集联合国内外现有的科学、技术、创新举措、机制和方案的信息，并进行信息流通和传输。网上平台将协助人们获取推动科学、技术、创新的举措和政策的信息、知识、经验、最佳做法和相关教训。网上平台还将协助散发世界各地可以公开获取的相关科学出版物。我们将根据独立技术评估的结果开发网上平台，有关评估会考虑到联合国内外相关举措的最佳做法和经验教训，确保这一平台补充现有的科学、技术、创新平台，为使用已有平台提供便利，并充分提供已有平台的信息，避免重叠，加强相互配合。

·科学、技术和创新促进可持续发展目标多利益攸关方论坛将每年举行一次会议，为期两天，讨论在落实可持续发展目标的专题领域开展科学、技术和创新合作的问题，所有相关利益攸关方将会聚一堂，在各自的专业知识领域中做出积极贡献。论坛将提供一个平台，促进相互交流，牵线搭桥，在相关利益攸关方之间创建网络和建立多利益攸关方伙伴关系，以确定和审查技术需求和差距，包括在科学合作、创新和能力建设方面的需求和差距，并帮助开发、转让和传播相关技术来促进可持续发展目标。经社理事会主席将在经社理事会主持召开的高级别政治论坛开会之前，召开多利益攸关方论坛的会议，或可酌情在考虑到拟审议的主题，并同其他论坛或会议组织者合作的基础上，与其他论坛或会议一同举行。会议将由两个会员国共同主持，并由两位共同主席起草一份讨论情况总结，作为执行和评估 2015 年后可持续发展议程工作的一部分，提交给高级别政治论坛会议。

·高级别政治论坛会议将参考多利益攸关方论坛的总结。可持续发展问题高级别政治论坛将在充分吸纳任务小组专家意见的基础上，审议科学、技术和创新促进可持续发展目标多利益攸关方论坛其后各次会议的主题。

71. 我们重申，本议程、可持续发展目标和具体目标，包括执行手段，是普遍、不可分割和相互关联的。

后续落实和评估

72. 我们承诺将系统地落实和评估本议程今后 15 年的执行情况。一个积极、自愿、有效、普遍参与和透明的综合后续落实和评估框架将大大有助于执行工作，帮助各国最大限度地推动和跟踪本议程执行工作的进展，绝不让任何一个人掉队。

73. 该框架在国家、区域和全球各个层面开展工作，推动我们对公民负责，协助开展有效的国际合作以实现本议程，促进交流最佳做法和相互学习。它调动各方共同应对挑战，找出新问题和正在出现的问题。由于这是一个全球议程，各国之间的相互信任和理解非常重要。

74. 各级的后续落实和评估工作将遵循以下原则：

（a）自愿进行，由各国主导，兼顾各国不同的现实情况、能力和发展水平，并尊重各国的政策空间和优先事项。国家自主权是实现可持续发展的关键，全球评估将主要根据各国提供的官方数据进行，因此国家一级工作的成果将是区域和全球评估的基础。

（b）跟踪所有国家执行普遍目标和具体目标的进展，包括执行手段，同时尊重目标和具体目标的普遍性、综合性和相互关联性以及可持续发展涉及的三个方面。

（c）后续评估工作将长期进行，找出成绩、挑战、差距和重要成功因素，协助各国做出政策选择。相关工作还将协助找到必要的执行手段和伙伴关系，发现解决办法和最佳做法，促进国际发展系统的协调与成效。

（d）后续评估工作将对所有人开放，做到包容、普遍参与和透明，还将协助所有相关利益攸关方提交报告。

（e）后续评估工作以人为本，顾及性别平等问题，尊重人权，尤其重点关注最贫困、最脆弱和落在最后面的人。

（f）后续工作将以现有平台和工作（如果有的话）为基础，避免重复，顺应各国的国情、能力、需求和优先事项。相关工作还将随着时间的推移不断得到改进，并考虑到新出现的问题和新制定的方法，同时尽量减少国家行政部门提交报告的负担。

（g）后续评估工作将保持严谨细致和实事求是，并参照各国主导的评价工作结果和以下各类及时、可靠和易获取的高质量数据：收入、性别、年龄、种族、族裔、迁徙情况、残疾情况、地理位置和涉及各国国情的其他特性。

（h）后续评估工作要加强对发展中国家的能力建设支持，包括加强各国、特别是非洲国家、最不发达国家、小岛屿发展中国家和内陆发展中国家以及中等收入国家的数据系统和评价方案。

（i）后续评估工作将得到联合国系统和其他多边机构的积极支持。

75. 将采用一套全球指标来落实和评估这些目标和具体目标。这套全球指标将辅以会员国拟定的区域和国家指标，并采纳旨在为尚无国家和全球基线数据的具体目标制定基线数据而开展工作的成果。可持续发展目标的指标跨机构专家组拟定的全球指标框架将根据现有的任务规定，由联合国统计委员会在 2016 年 3 月前商定，并由经社理事会及联合国大会在其后予以通过。这一框架应做到简明严格，涵盖所有可持续发展目标和具体目标，包括执行手段，保持它们的政治平衡、整合性和雄心水平。

76. 我们将支持发展中国家，特别是非洲国家、最不发达国家、小岛屿发展中国家和内陆发展中国家加强本国统计局和数据系统的能力，以便能获得及时、可靠的优质分类数据。我们将推动以透明和负责任的方式加强有关的公私合作，利用各领域数据、包括地球观测和地理空间信息，同时确保各国在支持和跟踪进展过程中享有自主权。

77. 我们承诺充分参与在国家以下、国家、区域和全球各层面定期进行的包容性进展评估。我们将尽可能多地利用现有的后续落实和评估机构和机制。可通过国家报告来评估进展，并查明区域和全球各层面的挑战。国家报告将与区域对话及全球评估一起，为各级后续工作提出建议。

国家层面

78. 我们鼓励所有会员国尽快在可行时制定具有雄心的国家对策来全面执行本议程。这些对策有助于向可持续发展目标过渡，并可酌情借鉴现有的规划文件，例如国家发展战略和可持续发展战略。

79. 我们还鼓励会员国在国家和国家以下各级定期进行包容性进展评估，评估工作由国家来主导和推动。这种评估应借鉴参考土著居民、民间社会、私营部门和其他利益攸关方的意见，并符合各国的国情、政策和优先事项。各国议会以及其他机构也可以支持这些工作。

区域层面

80. 区域和次区域各级的后续落实和评估可酌情为包括自愿评估在内的互学互鉴、分享最佳做法和讨论共同目标提供机会。为此，我们欢迎区域、次区域委员会和组织开展合作。包容性区域进程将借鉴各国的评估结果，为全球层面（包括可持续发展问题高级别政治论坛）的后续落实和评估工作提出意见建议。

81. 我们认识到，必须巩固加强现有的区域后续落实和评估机制并留出足够的政策空间，鼓励所有会员国寻找交换意见的最恰当区域论坛。我们鼓励联合国各区域委员会继续在这方面支持会员国。

全球层面

82. 高级别政治论坛将根据现有授权，同联合国大会、经社理事会及其他相关机构和论坛携手合作，在监督全球各项后续落实和评估工作方面发挥核心作用。它将促进经验交流，包括交流成功经验、挑战和教训，并为后续工作提供政治领导、指导和建议。它将促进全系统可持续发展政策的统一和协调。它应确保本议程继续有实际意义，具有雄心水平，注重评估进展、成就及发达国家和发展中国家面临的挑战以及新问题和正在出现的问题。它将同联合国所有相关会议和进程、包括关于最不发达国家、小岛屿发展中国家和内陆发展中国家的会议和进程的后续落实和评估安排建立有效联系。

83. 高级别政治论坛的后续落实和评估工作可参考秘书长和联合国系统根据全球指标框架、各国统计机构提交的数据和各区域收集的信息合作编写的可持续发展目标年度进展情况报告。高级别政治论坛还将参考《全球可持续发展报告》，该报告将加强科学与政策的衔接，是一个帮助决策者促进消除贫困和可持续发展的强有力的、以实证为基础的工具。我们请经社理事会主席就全球报告的范围、方法和发布频率举行磋商，磋商内容还包括其与可持续发展目标进展情况报告的关系。磋商结果应反映在高级别政治论坛 2016 年年会的部长级宣言中。

84. 经社理事会主持的高级别政治论坛应根据大会 2013 年 7 月 9 日第 67/290 号决议定期开展评估。评估应是自愿的，鼓励提交报告，且评估应让发达和发展中国家、联合国相关机构和包括民间社会、私营部门在内的其他利益攸关方参加。评估应由国家主导，由部长级官员和其他相关的高级别人士参加。评估应为各方建立伙伴关系提供平台，包括请主要群体和其他相关利益攸关方参与。

85. 高级别政治论坛还将对可持续发展目标的进展，包括对贯穿不同领域的问题，进行专题评估。这些专题评估将借鉴经社理事会各职能委员会和其他政府间机构和论坛的评估结果，并应表明目标的整体性和它们之间的相互关联。评估将确保所有相关利益攸关方参与，并尽可能地融入和配合高级别政治论坛的周期。

86. 我们欢迎按《亚的斯亚贝巴行动议程》所述，专门就发展筹资领域成果以及可持续发展目标的所有执行手段开展后续评估，这些评估将结合本议程的落实和评估工作进行。经社理事会发展筹资年度论坛的政府间商定结论和建议将纳入高级别政治论坛评估本议程执行情况的总体工作。

87. 高级别政治论坛每四年在联合国大会主持下召开会议，为本议程及其执行工作提供高级别政治指导，查明进展情况和新出现的挑战，动员进一步采取行动以加快执行。高级别政治论坛下一次会议将在联合国大会主持下于 2019 年召开，会议周期自此重新设定，以便尽可能与四年度全面政策评估进程保持一致。

88. 我们还强调，必须开展全系统战略规划、执行和提交报告工作，以确保联合国发展系统为执行新议程提供协调一致的支持。相关理事机构应采取行动，评估对执行工作的支持，报告取得的进展和遇到的障碍。我们欢迎经社理事会目前就联合国发展系统的长期定位问题开展的对话，并期待酌情就这些问题采取行动。

89. 高级别政治论坛将根据第 67/290 号决议支持主要群体和其他利益攸关方参与落实和评估工作。我们呼吁上述各方报告它们对议程执行工作做出的贡献。

90. 我们请秘书长与会员国协商，为筹备高级别政治论坛 2016 年会议编写一份报告，提出在全球统一开展高效和包容的后续落实和评估工作的重要时间节点，供第七十届联合国大会审议。这份报告应有关于高级别政治论坛在经社理事会主持下开展国家主导的评估的组织安排、包括关于自愿共同提交报告准则的建议。报告应明确各机构的职责，并就年度主题、系列专题评估和定期评估方案，为高级别政治论坛提供指导意见。

91. 我们重申，我们将坚定不移地致力于实现本议程，充分利用它来改变我们的世界，让世界到 2030 年时变得更美好。

[1] 见大会可持续发展目标开放工作组的报告（A/68/970 和 Corr. 1，另见 A/68/970/Add. 1 和 2）。

[2] 考虑到世界贸易组织正在进行的谈判、《多哈发展议程》和香港部长级宣言规定的任务。

参考文献

一 中文文献

联合国第 42/169 号决议:《国际减轻自然灾害十年》,1987 年 12 月 11 日第 96 次全体会议,https://www. un. org/zh/documents/view _ doc. asp? symbol = A/RES/42/169。

Michel F. Lechat、耿大玉:《国际减轻自然灾害十年的背景与目标》,《灾害学》1991 年第 1 期,第 6 卷。

许德厚:《联合国通过"国际减轻自然灾害十年"提案》,《国际地震动态》1988 年第 12 期。

联合国第 44/236 号决议:《国际减灾战略》,附件:《国际减轻自然灾害十年国际行动纲领》,1989 年 12 月 22 日第 85 次全体会议,https://www. un. org/zh/documents/view _ doc. asp? symbol = A/RES/44/236。

本刊评论员:《全球减灾事业的新里程碑》,《中国减灾》2000 年第 1 期。

许厚德:《联合国对国际减灾十年后的国际减灾战略安排》,《劳动安全与健康》2000 年第 3 期。

王青:《国际减灾十年后续安排——联合国经社理事会 1999/63 号决议》,《中国减灾》2000 年第 1 期。

联合国文件 54/219:《国际减轻自然灾害十年:后续安排》,https://

www. un. org/zh/documents/view_ doc. asp? symbol = A/RES/54/219。

联合国文件 57/256:《国际减少灾害战略》,https://www. un. org/zh/documents/view_ doc. asp? symbol = A/RES/57/256。

联合国文件 58/214:《国际减少灾害战略》,https://www. un. org/zh/documents/view_ doc. asp? symbol = A/RES/58/214。

阚凤敏:《联合国引领国际减灾三十年:从灾害管理到灾害风险管理(1990 – 2019 年)》,《中国减灾》2020 年第 5 期。

外交部国际经济司:《外交部:"减灾外交"推动国际防灾减灾交流合作》,《中国减灾》2014 年第 9 期,第 23 页。

吴大明等:《〈减少灾害风险全球评估报告(2019)〉解读与启示》,《劳动保护》2019 年第 9 期。

联合国减少灾害风险办公室:《2019 年度报告》,https://www. undrr. org/publications。

史培军:《仙台框架:未来 15 年世界减灾指导性文件》,《中国减灾》2015 年第 7 期。

《监测和报告实现仙台减少灾害风险框架全球目标进展情况的 – unisdr》,http://www. docin. com/p – 2100925524. html。

顾林生等:《第六届全球减灾平台大会:内容、成果与启示》,《中国减灾》2019 年第 13 期。

联合国减少灾害风险办公室:《联合国开发计划署与联合国减少灾害风险办公室共同应对气候和灾害风险》,中国国家应急广播网,http://www. cneb. gov. cn/2020/02/23/ARTI1582414585031953. shtml。

联合国减少灾害风险办公室欧洲区域办事处:《联合国和挪威寿险公司合作识别金融投资风险》,中国国家应急广播网,http://www. cneb. gov. cn/2019/05/21/ARTI1558443456282335. shtml。

联合国减少灾害风险办公室欧洲区域办事处:《塔什干承诺评估其抗灾能力》,中国国家应急广播网,http://www. cneb. gov. cn/2020/02/17/ARTI1581884347151277. shtml。

李素菊:《世界减灾大会:从横滨到仙台》,《中国减灾》2015 年第

7 期。

张磊、和海霞:《第六届全球减灾平台大会见闻与思考》,《中国减灾》2019 年第 13 期。

关妍:《主要国家减灾平台建设概况》,《中国减灾》2007 年第 1 期。

金成城:《"韧性城市"为何受关注》,《决策》2020 年第 4 期。

联合国减少灾害风险办公室:《"城市抗灾运动 2030"在世界城市论坛上亮相》,中国国家应急广播网,http://www.cneb.gov.cn/gjjz/ [2020 - 02 - 13]。

联合国减少灾害风险办公室纽约总部联络处:《提高跨代抗灾能力:世界海啸日》,中国国家应急广播网,http://www.cneb.gov.cn/2019/ 11/10/ARTI1573386165397676.shtml。

中国国际减灾十年委员会办公室:《我国减灾工作成绩斐然得到国际社会充分肯定——多吉才让部长、王昂生教授荣获联合国防灾奖》,《中国减灾》1998 年第 4 期。

罗新:《联合国笹川防灾奖》,《中国民政》1999 年第 1 期。

徐娜:《加强减灾救灾国际合作 为减轻灾害风险而共同努力——专访国家减灾委办公室常务副主任、民政部救灾司司长、国家减灾中心主任庞陈敏》,《中国减灾》2015 年第 17 期。

何刚成:《关注全球减轻灾害风险的新动向——第六届全球减灾平台大会见闻》,《中国减灾》2019 年第 15 期。

《国家减灾委员会办公室发布〈"十二五"时期中国的减灾行动〉》,《中国应急管理》2016 年第 10 期。

《我国两支重型救援队通过联合国测评复测》,《人民日报》2019 年 10 月 24 日,第 11 版。

国家减灾委办公室:《减灾的国际合作》,《中国减灾》2016 年第 23 期。

新华社:《联合国官员赞扬中国政府抗灾救灾行动迅速有效》,中国政府网,2008 年 2 月 7 日,http://www.gov.cn/jrzg/2008 - 02/07/ content_885263.htm。

《"一带一路"防灾减灾与可持续发展国际学术大会在京开幕》,《中国日报》2019 年 5 月 13 日。

应急管理部国际合作和救援司:《尚勇会见联合国秘书长减灾事务特别代表、助理秘书长水鸟真美》,国家应急管理部网站, https：//www. mem. gov. cn/xw/bndt/201901/t20190114_ 229822. shtml。

丹尼斯·麦克莱恩:《灾害专家分享中国应对新冠肺炎疫情的经验》,中国国家应急广播网, http：//www. cneb. gov. cn/2020/04/07/ARTI1586196832123334. shtml。

康鹏译、阮忠家校:《为了一个更安全的世界:横滨战略和行动计划》,《中国减灾》1995 年第 2 期, 第 9 ~ 16 页;《横滨战略和行动计划——建设一个更安全的世界》,《自然灾害学报》1994 年第 3 期。

中华人民共和国外交部网站:《变革我们的世界:2030 年可持续发展议程》, http：//infogate. fmprc. gov. cn/web/ziliao_ 674904/zt_ 674979/dnzt_ 674981/qtzt/2030kcxfzyc_ 686343/t1331382. shtml。

叶谦:《绿色发展与综合灾害风险防范》,《国际学术动态》2020 年第 6 期, 第 37 页。

二 外文文献

〔日〕 内閣府: 平成 27 年版『防災白書』。

〔日〕 内閣府: 令和 2 年版『防災白書』。

United Nations Office for Disaster Risk Reduction, *Annual Report 2019*, https：//www. undrr. org/publications.

United Nations Office for Disaster Risk Reduction, "Women's Leadership Key to Reducing Disaster Mortality," https：//www. undrr. org/news/womens - leadership - key - reducing - disaster - mortality.

UN Office for Disaster Risk Reduction Africa, Arab States to deliver on Sendai, https：//www. undrr. org/news/africa - arab - states - deliver - sendai.

United Nations Office for Disaster Risk Reduction-Regional Office for the Americas and the Caribbean Jamaica to host 2020 DRR meeeting, https：//www. undrr. org/news/jamaica – host – 2020 – drr – meeeting.

UN Office for Disaster Risk Reduction Rome Declaraton on DRR adopted, https：//www. undrr. org/news/rome – declaraton – drr – adopted.

UN Office for Disaster Risk Reduction, The TEN Essentials for Making Cities Resilient, https：//www. unisdr. org/campaign/resilientcities/toolkit/article/the – ten – essentials – for – making – cities – resilient.

United Nations Office for Disaster Risk Reduction-New York UNHQ Liaison Office, 2019 World Tsunami Awareness Day, https：//www. undrr. org/event/2019 – world – tsunami – awareness – day.

UN Office for Disaster Risk Reduction, "Disaster Risk Reduction as conference comes to a close," https：//www. undrr. org/news/risk – award – announced – global – platform – disaster – risk – reduction – conference – comes – close

UN Office for Disaster Risk Reduction, *2000 – 2007：Disasters, Vulnerability, and the ISDR*, https：//www. undrr. org/about – undrr/history.

United Nations Office for Disaster Risk Reduction, "Our Work", https：//www. undrr. org/about – undrr/our – work.

United Nations Office for Disaster Risk Reduction, "New UN Assistant Secretary-General for DRR appointed," https：//www. unisdr. org/2008/highlights/ISDR – highlight – 2008. pdf.

United Nations Office for Disaster Risk Reduction, "Dr. Robert Glasser takes the helm at UNISDR," https：//www. undrr. org/news/dr – robert – glasser – takes – helm – unisdr.

United Nations Office for Disaster Risk Reduction-Regional Office for Europe, "UNDRR to Assess DRR Strategies to Support Implementation of The Sendai Framework and SDG's," https：//www. undrr. org/news/undrr – assess – drr – strategies – support – implementation – sendai – framework – and – sdgs.

United Nations Office for Disaster Risk Reduction, "Sendai Framework Disaster Loss Data Released to Mark 5th Anniversary," https：//www. undrr. org/news/sendai – framework – disaster – loss – data – released – mark – 5th – anniversary.

United Nations Office for Disaster Risk Reduction, "Status Report Target E Implementation 2020," https：//www. undrr. org/publication/status – report – target – e – implementation – 2020.

United Nations Office for Disaster Risk Reduction, "Introduction of the Secretary-General's Report on the Implementation of the Sendai Framework for Disaster Risk Reduction 2015 – 2030," https：//www. undrr. org/news/introduction – secretary – generals – report – implementation – sendai – framework – disaster – risk – reduction.

三　主要网站

联合国减少灾害风险办公室官网，https：//www. undrr. org/。

联合国官网，https：//www. un. org/。

中国国家应急广播网，http：//www. cneb. gov. cn/。

日本灾害管理网，http：//www. bousai. go. jp/kaigirep/hakusho/index. html。

索　引

国别区域与全球治理数据平台

www.crggcn.com

"国别区域与全球治理数据平台"（Countries，Regions and Global Governance，CRGG）是社会科学文献出版社重点打造的学术型数字产品，对接国别区域这一重点新兴学科，围绕国别研究、区域研究、国际组织、全球智库等领域，全方位整合基础信息、一手资料、科研成果，文献量达30余万篇。该产品已建设成为国别区域与全球治理数据资源与研究成果整合发布平台，可提供包括资源获取、科研技术服务、成果发布与传播等在内的多层次、全方位的学术服务。

从国别区域和全球治理研究角度出发，"国别区域与全球治理数据平台"下设国别研究数据库、区域研究数据库、国际组织数据库、全球智库数据库、学术专题数据库和学术资讯数据库6大数据库。在资源类型方面，除专题图书、智库报告和学术论文外，平台还包括数据图表、档案文件和学术资讯。在文献检索方面，平台支持全文检索、高级检索，并可按照相关度和出版时间进行排序。

"国别区域与全球治理数据平台"应用广泛。针对高校及国别区域科研机构，平台可提供专业的知识服务，通过丰富的研究参考资料和学术服务推动国别区域研究的学科建设与发展，提升智库学术科研及政策建言能力；针对政府及外事机构，平台可提供资政参考，为相关国际事务决策提供理论依据与资讯支持，切实服务国家对外战略。

数据库体验卡服务指南

※100元数据库体验卡，可在"国别区域与全球治理数据平台"充值和使用

充值卡使用说明：
第1步 刮开附赠充值卡的涂层；
第2步 登录国别区域与全球治理数据平台（www.crggcn.com），注册账号；
第3步 登录并进入"会员中心"→"在线充值"→"充值卡充值"，充值成功后即可使用。

声明

最终解释权归社会科学文献出版社所有

客服QQ：671079496
客服邮箱：crgg@ssap.cn

欢迎登录社会科学文献出版社官网（www.ssap.com.cn）和国别区域与全球治理数据平台（www.crggcn.com）了解更多信息

图书在版编目（CIP）数据

联合国减少灾害风险办公室／王德迅著. –– 北京：
社会科学文献出版社，2022.5
（国际组织志）
ISBN 978 – 7 – 5201 – 9538 – 6

Ⅰ.①联… Ⅱ.①王… Ⅲ.①灾害防治 – 世界 Ⅳ.
①X4

中国版本图书馆 CIP 数据核字（2021）第 265995 号

· 国际组织志 ·

联合国减少灾害风险办公室

著　　者／王德迅

出 版 人／王利民
组稿编辑／张晓莉
责任编辑／崔　鹏　帅如蓝　叶　娟
责任印制／王京美

出　　版／社会科学文献出版社·国别区域分社（010）59367078
　　　　　地址：北京市北三环中路甲 29 号院华龙大厦　邮编：100029
　　　　　网址：www. ssap. com. cn
发　　行／社会科学文献出版社（010）59367028
印　　装／三河市尚艺印装有限公司

规　　格／开　本：787mm × 1092mm　1/16
　　　　　印　张：17.25　字　数：202 千字
版　　次／2022 年 5 月第 1 版　2022 年 5 月第 1 次印刷
书　　号／ISBN 978 – 7 – 5201 – 9538 – 6
定　　价／89.00 元

读者服务电话：4008918866